Jargodzki / Potter

Singender Schnee und verschwindende Elefanten

Christopher P. Jargodzki
und Franklin Potter

Singender Schnee und verschwindende Elefanten

Physikalische Rätsel und Paradoxien

Aus dem Englischen
übersetzt von Michael Schmidt

RECLAM
LEIPZIG

Verlag und Übersetzer danken Herrn Dr. Herbert Scheingraber vom Max-Planck-Institut für extraterrestrische Physik in Garching für den fachwissenschaftlichen Rat bei der Erarbeitung der deutschen Ausgabe.

Originaltitel: Mad about Physics: Braintwisters, Paradoxes, and Curiosities
Originalverlag: John Wiley & Sons, New York

Kapitel I bis VI der Originalausgabe erscheinen in dieser deutschen Erstausgabe.

1. Auflage, 2005
Umschlaggestaltung: Simin Bazargani
unter Verwendung einer Illustration von Kai Pannen
Illustrationen auf den Seiten 33, 43, 48 © Tina Cash-Walsh
Gesetzt aus Rotis Serif
Satz: Barbara Gomon, Leipzig
Druck und Bindung: Ebner & Spiegel, Ulm
Printed in Germany
ISBN 3-379-00841-9

www.reclam.de

Für meinen verstorbenen Vater Zdzisław Jargocki

C. J.

Für meine Lehrer in den naturwissenschaftlichen
Fächern an der Mark Keppel High School,
Ms. Hager und Mr. Forrester, die als Erste
in mir die Freude an der Wissenschaft erweckten

F. P.

Inhalt

»Ist dies schon Tollheit, hat es doch Methode.« Ein Rätselbuch

Dieses Buch enthält rund 200 Rätsel über singenden Schnee, heißes Eis, verschwindende Elefanten, kartesische Taucher, Perpetuum mobile, aerodynamischen Auftrieb, Rauchringe, Nebelhörner, singende Weingläser, schwimmende Felsbrocken, schwebende Mäuse – und vieles andere mehr. Die meisten der hier gesammelten physikalischen Probleme sind uns aus dem Alltag bekannt.

Der Schwierigkeitsgrad dieser Rätsel und Probleme reicht von einfachen Fragen (z. B. »Warum können Sie Ihre Hände erwärmen, indem Sie sie anhauchen, und abkühlen, indem Sie kräftig auf die Handoberfläche blasen?«) bis zu raffinierten Problemen, die eine gründlichere Analyse erfordern (z. B. »Trotz seines angenehmen Klangs ist auf einem gut gestimmten Klavier tatsächlich jeder Ton im Verhältnis zu den anderen Tönen leicht verstimmt. Ja, wäre das Klavier perfekt gestimmt, würden seine Klänge Ihrem Ohr wehtun und stellenweise furchtbar verstimmt wirken. Wie ist das zu erklären?«). Etwa zwei Drittel des Buches sind den Antworten und Lösungen gewidmet.

Wie die oben erwähnten Beispiele bereits zeigen, enthalten die meisten Rätsel ein überraschendes Element. Ja, der Widerspruch zwischen den Mutmaßungen des gesunden Menschenverstands und der physikalischen Argumentation ist das zentrale Leitmotiv dieses Buches. Einstein definierte einmal den gesunden Menschenverstand als »eine Sammlung von Vorurteilen, die man bis zum achtzehnten Lebensjahr erworben hat«, und wir geben ihm

Recht: Zumindest in der Wissenschaft muss der gesunde Menschenverstand korrigiert und oft überwunden werden. Das vorliegende Buch versucht, vorgefasste Meinungen im Hinblick auf die Physik in Frage zu stellen, indem es mit Hilfe von Paradoxa (nach griechisch *para* und *doxa*, »gegen die Meinung«) geistige Unruhe erzeugt. »Ist dies schon Tollheit, hat es doch Methode«, wie es in Shakespeares *Hamlet* heißt. Wir glauben nämlich, dass Paradoxa keineswegs bloß unterhaltsam sind, sondern auf einzigartige Weise spezifische Verständnisdefizite ansprechen. Nehmen wir zum Beispiel folgendes Problem: Ein Mann steht auf einer Badezimmerwaage. Plötzlich geht er mit der Beschleunigung a in die Hocke. Wird die Waage ein höheres oder ein geringeres Gewicht anzeigen? Viele Menschen werden dem gesunden Menschenverstand vertrauen und antworten, sie werde ein höheres Gewicht anzeigen, weil der Mann ja auf die Waage drücke, wenn er in die Hocke geht. Die richtige Antwort lautet: Es wird ein *geringeres* Gewicht angezeigt, denn während der Mann in die Hocke geht, wird sein Schwerpunkt nach unten beschleunigt, und daher muss die von der Waage ausgeübte normale Kraft abnehmen. Angesichts derartiger Paradoxa wird der Widerspruch zwischen Bauchgefühl und physikalischer Logik für manche Menschen so unangenehm sein, dass sie ihn unbedingt überwinden wollen, selbst um den Preis, dass sie dabei ein wenig Physik lernen müssen.

Handelt es sich bei den Paradoxa nun um echte oder nur scheinbare Paradoxa? Nach den Standardmethoden des Physikunterrichts sind die der Intuition widersprechenden Schlussfolgerungen eindeutig nur scheinbar paradox. Diese Schlussfolgerungen mögen unerwartet und zuweilen sogar aberwitzig sein, nichtsdestoweniger basieren sie auf den elementaren Gesetzen der Physik und lassen sich experimentell bestätigen – abgesehen von ein paar Rätseln, in denen es bewusst um Trugschlüsse geht. Aber vielleicht sollten wir unser Unbehagen akzeptieren, denn schließlich sind viele Vorstellungen in der Physik nichts weiter als nützliche Fiktionen, die der Veranschaulichung dienen oder Berechnungen vereinfachen. Nützliche Fiktionen können gefährlich sein, man muss sich ihres abstrakten Charakters ständig bewusst sein. In der Physik wird seit langem darüber diskutiert, ob gewisse etablierte Vorstellungen nicht ausgedient haben und völlig eliminiert werden sollten. Heinrich Hertz, der sich schon früh an dieser Debatte beteiligte, schlug beispielsweise vor, die Mechanik Newtons neu zu formulieren, ohne dabei den Grundbegriff »Kraft« zu verwenden. So schrieb er in der Einleitung zu seinem 1899 erschienenen Werk *Prinzipien der Mechanik*: »Sind diese schmerzenden Widersprüche entfernt, so ist zwar nicht die Frage nach dem Wesen beantwortet, aber der nicht mehr gequälte Geist hört auf, die für ihn unberechtigte Frage zu stellen.« Der Philosoph Ludwig Wittgenstein, der diese Passage praktisch auswendig kannte, war so beeindruckt davon, dass er das Ziel seiner Philosophie nach Hertz definierte: »Wie ich Philosophie treibe, ist es ihre ganze Aufgabe, sie so zu gestalten, dass gewisse Beunruhigungen verschwinden.«

Paradoxa signalisieren derartige Beunruhigungen und haben folglich eine entscheidende Rolle in der Geschichte der Physik gespielt, ja oft revolutionäre Entwicklungen vorweggenommen. Die der Intuition widersprechenden Umwälzungen, die aus der Relativitätstheorie und der Quantenmechanik resultierten, verstärkten nur den Ruf des Paradoxes, Mittler für Veränderungen zu sein. Ist die physikalische Wirklichkeit immanent paradox (oder irre, um es umgangssprachlich auszudrücken), oder stellen sich Paradoxa einzig und allein dann ein, wenn wir bei der Beschreibung der Wirklichkeit an Grenzen stoßen und vor der Aufgabe stehen, uns der alten begrifflichen Systematik zu entledigen und eine neue zu erstellen? Da dies kein philosophisches Buch ist, haben wir das Recht, uns vor einer direkten Antwort auf diese Frage zu drücken und hier mit einer Anekdote über zwei bedeutende Koryphäen der Physik des 20. Jahrhunderts zu schließen: Niels Bohr und Wolfgang Pauli. Vor einigen Jahrzehnten saß Bohr unter den Zuhörern, die Pauli lauschten, wie er seinen frühen Versuch erklärte, die Relativitätstheorie und die Quantenmechanik miteinander zu versöhnen. Anschließend stand Bohr auf und sagte: »Wir sind uns alle darin einig, dass Ihre Theorie absolut verrückt ist. Aber wir sind uns nicht einig, ob Ihre Theorie verrückt genug ist.«

Liebe Leserin, lieber Leser,

diese Rätsel und Probleme sollen Ihnen Spaß machen. Daher ist es nicht wichtig, wie viele davon Sie lösen können. Ja, einige beschäftigen die Physiker schon seit Jahrzehnten und haben daher eine umfangreiche Forschungsliteratur hervorgebracht. Dazu gehören Crookes Radiometer, Feynmans umgekehrter Rasensprenger und der aerodynamische Auftrieb – um nur ein paar berühmte Beispiele zu erwähnen. Solche Fragen werden meist am Ende jedes Kapitels gestellt und durch ein Sternchen hervorgehoben. Nur selten wird es Ihnen gelingen, zu einer detaillierten Lösung aller Rätsel zu gelangen. Ja, manchmal werden Sie vielleicht sogar ein wenig nachdenken müssen, um die Antwort überhaupt zu verstehen. Hätten wir nämlich alle Schritte bis zur Lösung aufgeführt, dann hätte sich der Umfang des Buches leicht verdoppeln können. Wenn Sie die Rätsel einfach verblüffend und faszinierend finden, haben wir unser Ziel erreicht.
Die meisten Rätsel sind ihrem Charakter nach nicht mathematisch und erfordern nur eine qualitative Anwendung fundamentaler physikalischer Prinzipien. Viele physikalische Begriffe werden direkt oder indirekt in verschiedenen Passagen definiert. Einige Fachbegriffe haben wir in einem kleinen Glossar erläutert. Aber selbst wenn Sie mit dem Thema vertraut sind, werden Sie rasch erkennen, dass es keineswegs einfach ist, die Physik auf die wirkliche Welt anzuwenden.

I Steigende Temperaturen

»Ich möchte lieber ein einziges Naturgesetz finden als König von Persien werden.«

Demokrit

Die Wärmeenergie ist zwar ein wesentlicher Bestandteil unserer Umwelt, aber nur allzu oft vergessen wir, wie sehr sie unsere Aktivitäten einschränkt. So sind beispielsweise – im Vergleich zur Änderung anderer Energieformen wie der Schallenergie oder der kinetischen Translationsenergie – für eine geringe Temperaturänderung oft große Energiemengen erforderlich. In diesem Kapitel zeigen wir, dass Eis in kochendem Wasser existieren kann, wir erklären, wie der trinkende Spielzeugvogel funktioniert, und ermitteln, wie man Hamburger am besten brät. Wenn Sie sich mit diesen schwierigen Aufgaben befassen, empfehlen wir Ihnen, zunächst die ideale Situation zu betrachten und dann die notwendigen Komplikationen einzuführen.

1. Wohlig warm

Sie bekommen drei identische Thermosflaschen A, B und C und einen Behälter D. Flasche A enthält einen Liter heißes Wasser (80 °C), Flasche B einen Liter kaltes Wasser (20 °C) und Flasche C kein Wasser. Der leere Behälter D passt leicht in jede Flasche und hat absolut wärmeleitende Wände.
Können Sie das kalte Wasser mit Hilfe des Behälters D und des heißen Wassers so erwärmen, dass die Endtemperatur des kalten Wassers höher als die Endtemperatur des heißen Wassers ist? Sie dürfen das heiße Wasser nicht mit dem kalten mischen!

2. Wasser mit kochendem Wasser kochen

Tauchen Sie einen kleinen Behälter mit kühlem Wasser in einen Topf mit kochendem Wasser, ohne dass sich die Inhalte mischen. Wird das kühlere Wasser im kleinen Behälter zu kochen anfangen, wenn man lange genug wartet?

3. Gas und Dampf

Gibt es einen Unterschied zwischen einem Gas und Dampf?

4. Eis in kochendem Wasser?

Man kann beweisen, dass Eis in kochendem Wasser nicht schmelzen muss. Füllen Sie ein Reagenzglas mit kühlem Wasser und geben Sie ein mit einem kleinen Gewicht beschwertes Stück Eis hinein, sodass es auf den Boden sinkt. Erhitzen Sie das Glas nur am oberen Teil mit einer

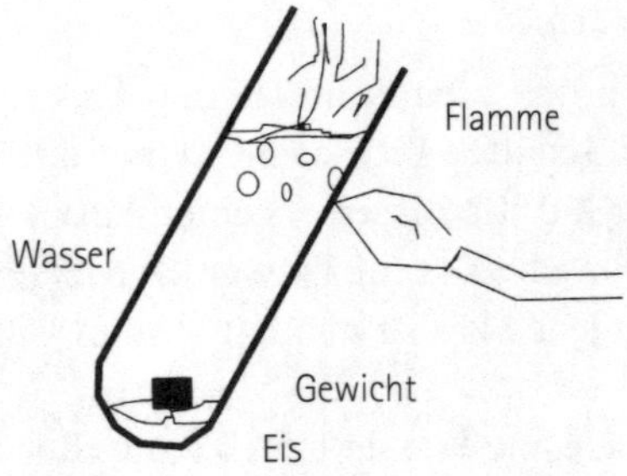

Flamme. Das Wasser wird bald kochen, aber das Eis am Boden wird nicht schmelzen! Wie ist das physikalisch zu erklären?

5. Zwei Quecksilbertröpfchen

Zwei identische Quecksilbertröpfchen mit der gleichen Temperatur verbinden sich zu einem Tröpfchen. Dieses größere Tröpfchen ist wärmer als die ursprünglichen zwei Tröpfchen. Warum?

6. Trinkender Vogel

Der trinkende Spielzeugvogel taucht seinen Schnabel in regelmäßigen Abständen ins Wasser, dann wippt er zurück,

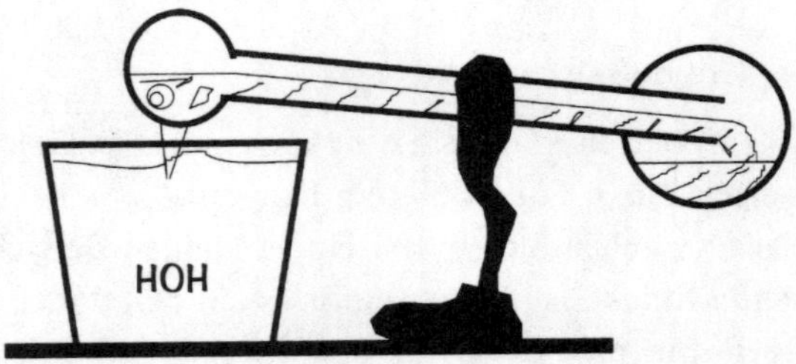

um sogleich erneut einzutauchen. Bei der Flüssigkeit in Körper und Kopf handelt es sich um Methylenchlorid, das bei normalem Druck einen Siedepunkt von 40,1 °C hat. Im Unterschied zum Pendel gewinnt der trinkende Vogel seine Energie nicht von Zyklus zu Zyklus, sondern muss sie aus der Umgebung beziehen. Wie macht er das?

7. Zimmerheizung

Wenn Sie die Heizung in Ihrem Zimmer aufdrehen und nach etwa einer Stunde wieder abdrehen, ist dann die Gesamtenergie der Luft im Zimmer durch die Heizung erhöht worden?

8. Bei Zimmertemperatur zittern

Die Zimmertemperatur beträgt gewöhnlich 18 °C bis 22 °C, was ja viel niedriger ist als die normale Temperatur des menschlichen Körpers, die bei etwa 37 °C liegt. Müssten wir nicht ständig zittern, um den Verlust an Wärmeenergie durch Abstrahlung auszugleichen?

9. Identische Kugeln werden erwärmt

Zwei identischen Kugeln werden identische Mengen von Wärmeenergie zugeführt, wobei die Wärmeübertragung so rasch erfolgt, dass keine Wärme an die Umgebung verloren geht. Werden die beiden Kugeln die gleiche Temperatur unmittelbar nach der raschen Zuführung von Wärmeenergie aufweisen, wenn sie die gleiche Ausgangstemperatur haben, aber die eine auf einem Tisch liegt und die andere an einer Schnur hängt?

10. Hamburger braten

Hamburger werden bei mittlerer Hitze schneller gar als bei starker Hitze auf einem Grill. Was meinen Sie?

11. Hamburger oder Steaks braten

Warum muss man Hamburger gründlicher als ein Steak braten? Schließlich bestehen ja beide aus dem gleichen Fleisch – aus Rindfleisch. Welchen Unterschied macht es dann, ob das Fleisch eine feste Scheibe oder gehackt ist?

12. Benzinverbrauch und Kilometerleistung

Erst vier Liter kaltes Benzin, dann vier Liter warmes Benzin treiben dasselbe Auto an. Mit welchem Benzin wird eine höhere Kilometerleistung erzielt?

13. Tripelpunkt von Wasser

Was ist das Besondere am Tripelpunkt von Wasser, dass die thermodynamische Temperaturskala danach definiert wird? Das heißt, ein Kelvin ist 1/273,16 des Tripelpunkts von Wasser. Hinweis: Überlegen Sie, was geschieht, wenn ein wenig zusätzliche Wärmeenergie in einen geschlossenen Behälter gelangt, in dem sich Eis, Wasser und Wasserdampf bei 0 °C (273,16 K) befinden.

14. Erwärmen oder nicht erwärmen?

Warum können Sie Ihre Hände erwärmen, indem Sie sacht darauf hauchen, und sie abkühlen, indem Sie kräftig darauf blasen?

15. Klimaanlagen in modernen Flugzeugen

Warum wird in neueren Flugzeugen kommerzieller Fluggesellschaften viel mehr Luft umgewälzt als früher in Flugzeugen?

16. Aus! Aus! Kurzes Kerzenlicht

Ein umgedrehtes Glas wird über eine brennende Kerze gestülpt, die in einer Untertasse voll Wasser steht. Was wird Ihrer Meinung nach geschehen? Warum?

17. Der Kolben im Becherglas

Die Abbildung zeigt ein Becherglas voll Wasser, in dem sich ein umgedrehter Glasbehälter mit einem beweglichen Kolben befindet, der die Wasseroberfläche nicht berührt. Nehmen wir an, das Wasser hat Zimmertemperatur, und Sie ziehen den Kolben einmal langsam hoch und dann einmal schnell. Was wird Ihrer Meinung nach geschehen? Nehmen wir nun an, Sie betätigen den Kolben über kochendem Wasser. Was wird jetzt geschehen?

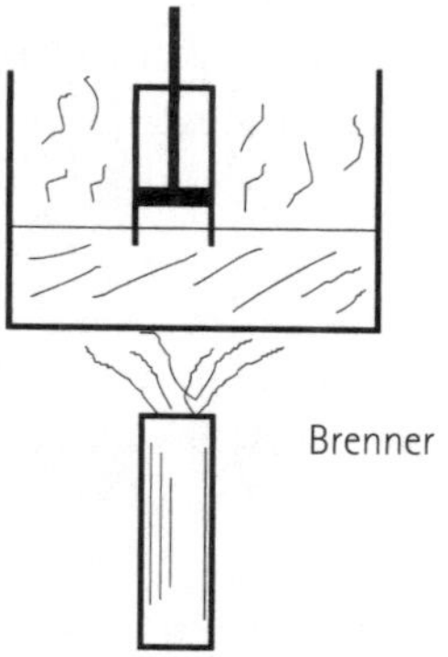

18. Milch im Kaffee

Dieses berühmte Problem ist immer interessant. Nehmen wir an, Sie wollen Ihren Morgenkaffee innerhalb von fünf Minuten auf eine erträglichere Temperatur abkühlen. Gießen Sie die kalte Milch zuerst hinein und warten dann fünf Minuten, bevor Sie trinken, oder warten Sie fünf Minuten, bevor Sie die kalte Milch hinzufügen?

19. Geheimnisvolle Energie

Zwei identische Laborbehälter sind miteinander durch ein enges Rohr verbunden, das ein Steuerventil hat. Zunächst befindet sich die gesamte Flüssigkeit im linken Behälter bis zu einer Höhe h. Wird das Ventil geöffnet, fließt die Flüssigkeit vom linken in den rechten Behälter, bis das System, so der Flüssigkeitsspiegel in jedem Behälter gleich $h/2$ beträgt, schließlich zur Ruhe kommt.

Die potenzielle Gravitationsenergie der Flüssigkeit beträgt anfangs $W\,h/2$, also das Gewicht mal der Höhe des Schwerpunkts. Im Endzustand beträgt die gesamte potenzielle Gravitationsenergie $2\,(W/2)\,(h/4) = W\,h/4$, also die Hälfte der potenziellen Ausgangsenergie. Die Hälfte der anfangs vorhandenen potenziellen Gravitationsenergie ist somit verschwunden! Warum?

20. Entfeuchten

Wird die Luft in einem Zimmer durch eine Klimaanlage abgekühlt, sollte sie auch entfeuchtet werden. Warum?

21. Abkühlung mit Hilfe des Kühlschranks

Nehmen wir an, Sie möchten die Luft in der Küche abkühlen. Können Sie das durch das Öffnen der Kühlschranktür erreichen?

22. Luft und Wasser

Luft und Wasser mit der gleichen Temperatur, z. B. 25 °C, fühlen sich nicht gleich warm an. Man bemerkt diesen Unterschied sofort, wenn man aus 25 °C warmer Luft in einen Swimmingpool mit 25 °C warmem Wasser springt. Wie kommt es zu dem Unterschied?

23. Wenn heißes und kaltes Wasser sich abkühlen

Zwei identische Holzeimer ohne Deckel werden bei Eiseskälte ins Freie gestellt. Eimer A enthält heißes Wasser, Eimer B gleich viel kaltes Wasser. Welcher Eimer wird zuerst anfangen zu gefrieren?

24. Schlittschuhlaufen an einem sehr kalten Tag

Warum kann man auf sehr kaltem Eis schlecht Schlittschuh laufen?

25. Singender Schnee

Wenn man an einem sehr kalten Tag auf Schnee geht, knirscht es unter den Schuhsohlen, aber wenn die Lufttemperatur knapp unter null liegt, hört man normalerweise kein Knirschen. Warum nicht?

26. Klebende Eiswürfel

Eiswürfel kleben in einem Eiskübel oft zusammen. Warum?

27. Heißes Eis

Gibt es eine Form von Eis, die so heiß ist, dass Sie sich die Finger daran verbrennen?

28. Ein Teich im Winter

Fische und andere Organismen wissen die Tatsache zu schätzen, dass Wasser sich ausdehnt, bevor es gefriert. Warum ist das für die Fische in einem Teich im Winter so wichtig?

29. Licht aus?

Sollten Sie zu Hause nicht benötigte Glühbirnen gewissenhaft ausschalten, um sowohl im Winter als auch im Sommer »Strom zu sparen«? (Diese Formulierung steht in Anführungszeichen, da man eigentlich Strom nicht sparen, sondern nur weniger elektrische Energie vom Energieversorger beziehen kann.)

30. Der metallene Teekessel

Manche metallene Teekessel haben Griffe aus Metall. Ist das nicht gefährlich?

31. Gefrorene Wäsche

Hängt man feuchte Wäsche an einem kalten Tag im Freien zum Trocknen auf die Leine, gefriert sie, wenn die Temperatur unter den Gefrierpunkt sinkt. An sehr kalten Tagen scheint das Eis, das ursprünglich auf der Wäsche war, zu verschwinden, aber die Wäsche wird nicht nass. Wie ist dieses Phänomen zu erklären?

32. Speiseeis in Milch

Manche Menschen geben in eine Schale mit Speiseeis gern Milch. Diese Kombination wirkt auf Zunge und Mund viel kälter als Speiseeis pur. Was spielt sich hier physikalisch ab?

33. Im Winter eine Mütze tragen

Warum sollte man an einem sehr kalten Tag eine Mütze tragen?

34. Im Freien geparktes Auto

Ein Auto wird zuerst in einer klaren Nacht und dann in einer bewölkten Nacht im Freien geparkt. Angenommen, die Lufttemperatur ist in beiden Nächten gleich, dann bildet sich während der klaren Nacht eine dicke Feuchtigkeitsschicht auf dem Auto, aber in der bewölkten Nacht normalerweise nicht. Was ist der Grund für diesen Unterschied?

35. Zwei lackierte Kanister mit heißem Wasser

Zwei Kanister, die gleich viel heißes Wasser enthalten, das anfangs die gleiche Temperatur aufweist, sind bis auf ihre Farbe miteinander identisch. Der eine ist außen schwarz, der andere weiß lackiert. Wie entwickeln sich Ihrer Meinung nach die Wassertemperaturen?

36. Sonnenschein

Man fragt sich oft, warum sich die Luft im Winter kühl oder sogar kalt anfühlen kann, obwohl die Sonne doch strahlend hell scheint. Was meinen Sie?

37. Der Kamin des Physikers

Hängt die Menge der Wärmeenergie, die ein Kamin in ein Zimmer abstrahlt, davon ab, wie die brennenden Holzscheite gestapelt sind?

38. Die Strahlung schwarzer Körper

Die Hintergrundstrahlung im Universum ist das bekannteste Schwarzkörperspektrum. Die beste Annäherung an die Strahlungsquelle eines schwarzen Körpers, die wir in der Praxis erreichen können, ist ein Backofen mit einem winzigen Loch. Warum reicht der Ofen dennoch nicht an das Ideal heran?

*39. Die Einzigartigkeit von Wasser

Wasser, Silizium, Germanium, Sterlingsilber- und Blei-Zinn-Antimon-Legierungen haben eine seltene physikalische Eigenschaft miteinander gemeinsam: Sie dehnen sich beim Gefrieren aus. Welche eng damit zusammenhängende Eigenschaft weist nur Wasser auf?

*40. Heiß und kalt blasen

Die Ranque-Hilsch-Wirbelröhre kann ohne bewegliche Teile Luft in einen heißen und in einen kalten Luftstrom trennen. Bei Zimmertemperatur durch die Seitendüse hineingeblasene komprimierte Luft erzeugt an dem einen Arm bis zu 140 °C heißen und an dem anderen Arm einen bis zu -50 °C kalten Luftstrom. Innerhalb der Röhre gibt es keine Heiz- und Kühlvorrichtungen. Wie funktioniert dieses Wirbelrohr?

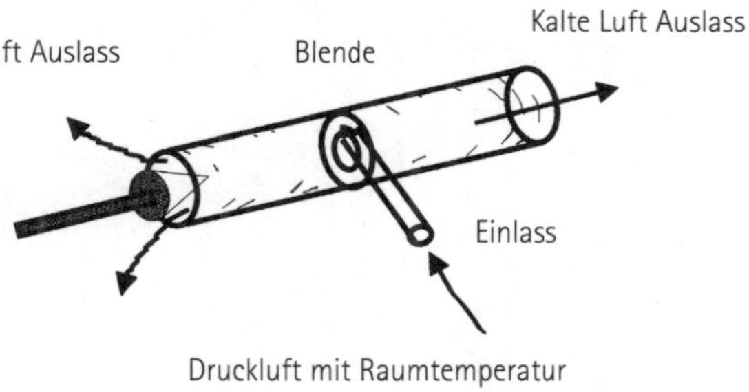

II Der verschwindende Elefant

»Die Natur verbirgt ihr Geheimnis durch die Erhabenheit ihres Wesens, aber nicht durch List.«

Albert Einstein

Wir sehen die Welt, weil Licht in unsere Augen eindringt und Nerven stimuliert, die wiederum Botschaften an unser Gehirn senden. Daher neigen wir dazu, alles zu glauben, was wir sehen. Ja, das alte Sprichwort »Sehen heißt glauben« existiert wahrscheinlich in jeder Sprache und Kultur auf der Welt. Doch seit Jahrhunderten wissen wir aus Erfahrung und dank optischer Instrumente, dass genau das Gegenteil der Fall ist – nämlich dass sich unser Augen-Hirn-System leicht täuschen lässt. Schauen Sie sich nur einmal einen dieser alten Westernfilme an, in denen sich die Planwagenräder immer verkehrt herum drehen, und schon geht Ihnen auf, wie leichtgläubig wir allen optischen Phänomenen gegenüber sind. Aber wir fallen auf noch viel raffiniertere Effekte herein, wie schwimmende Bilder oder verschwindende Elefanten.

41. Eckspiegel

Stellen Sie zwei ebene Spiegel im rechten Winkel zueinander auf. Schauen Sie jetzt in die von diesen beiden Spiegeln gebildete Ecke. Wo befindet sich in diesem Spiegelbild Ihre linke Hand?

42. Der verschwindende Elefant

Ein Zauberer zeigt dem Publikum einen Elefanten auf der Bühne in einem großen Käfig, der senkrechte Gitterstäbe und ein Dach hat. Auf ein Zeichen hin verschwindet der Elefant. Wie ist das physikalisch möglich? (Hinweis: Man benötigt zwei große ebene Spiegel.)

43. Schwebendes Bild

Ein beliebter Jahrmarkttrick ist die »Spiegelschale«, die aus zwei aufeinander liegenden konkaven Spiegeln besteht, wobei sich mitten im oberen Spiegel ein Loch befindet. Das Bild einer Münze oder eines kleinen Spielzeugs im Inneren scheint im oder über dem Loch zu schweben. Wie viele Reflexionen sind nötig, um das schwebende Bild zu erzeugen? Ist dies ein reales oder ein virtuelles Bild?

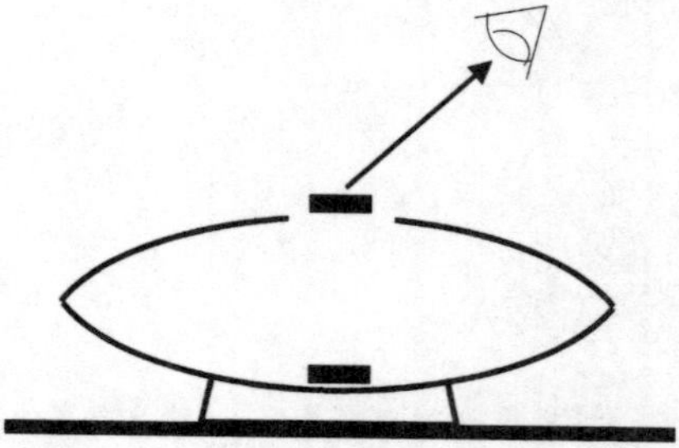

44. Kann man ein Spiegelbild beleuchten?

Richten Sie den Lichtstrahl einer Taschenlampe auf das Bild, das von der »Spiegelschale« erzeugt wird (siehe die vorige Frage), die aus zwei aufeinander liegenden konkaven Spiegeln besteht, sodass das Bild im Mittelloch des oberen Spiegels erscheint. Wird das Spiegelbild von der Taschenlampe beleuchtet?

45. Lasersender

Sie erblicken eine Raumstation oberhalb der Atmosphäre und ein wenig über dem Horizont. Sie möchten über einen Laserstrahl mit der Raumstation kommunizieren. Zielen Sie mit Ihrem Laser (a) ein wenig höher, (b) ein wenig tiefer als die Sichtlinie oder (c) direkt entlang der Sichtlinie zur Raumstation?

46. Der gebeugte Stab

Schalten Sie eine Taschenlampe an und leuchten Sie mit dem Lichtstrahl in einen Glastank voll Wasser. Abrupt scheint der Lichtstrahl von der Wasseroberfläche an seine Richtung *nach unten* zu ändern. Stecken Sie nun einen geraden Stab schräg ins Wasser. Der im Wasser befindliche Teil des Stabs scheint abrupt seine Richtung *nach oben* zu ändern. Wie kommt es zu diesem Widerspruch?

47. Das Nadelöhr

Kann man den Durchmesser der Sonne durch ein Nadelöhr messen?

48. Das dunkle Fenster

Wenn Sie tagsüber von draußen auf ein offenes Fenster schauen, scheint das Fenster dunkel zu sein. Warum?

49. Fensterfolie

Wenn Sie auf die Innenseite einer Fensterscheibe eine dünne, mit Metalloxid überzogene Plastikfolie kleben, damit weniger Licht ins Zimmer dringt, bleibt die Raumtemperatur im Sommer kühler. Sollten Sie die Folie im Winter entfernen?

50. Der Regenbogen

Will man erklären, wie ein Regenbogen entsteht, verweist man zunächst auf die Streuung des Lichts im Inneren eines Regentropfens. Die Zeichnung zeigt, dass der Lichtstrahl in einen kugelförmigen Regentropfen bei A eintritt, dann eine innere Totalreflexion bei B erfährt und den Tropfen bei C verlässt. Sowohl an A wie an C gibt es eine Luft-Wasser-Schnittstelle, an der es zu einer Brechung kommt, sodass sich die Richtung des Strahls ändert. Das Licht, das bei C austritt, wird in jede Farbe des sichtbaren Spektrums zerlegt – fertig ist der Regenbogen.
Allerdings lässt sich beweisen, dass ein Lichtstrahl, der im Tropfen eine innere Totalreflexion erfahren hat, den Tropfen nie verlassen wird (das heißt, in Wirklichkeit gäbe es eine weitere innere Totalreflexion bei C usw.). Wie löst man dieses Problem, um dennoch einen Regenbogen zu bekommen?

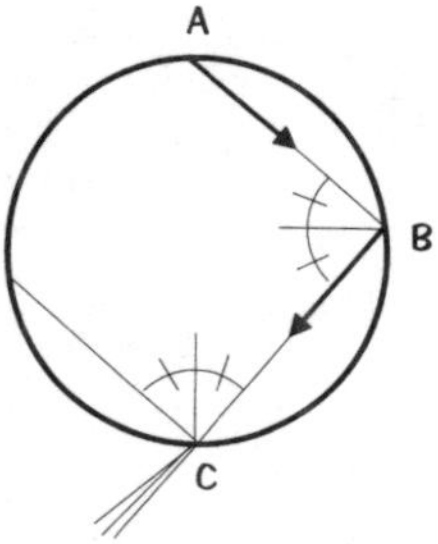

51. Ein optisches Rätsel

Biegen Sie einen rechteckigen Streifen Alufolie in Längsrichtung nach außen. Wenn Sie nun Ihr Spiegelbild in dieser konkaven Oberfläche betrachten, wird es auf dem Kopf stehen. Drehen Sie den Streifen nun langsam um 90 Grad, sodass die konkave Wölbung waagrecht verläuft. Was sehen Sie jetzt?

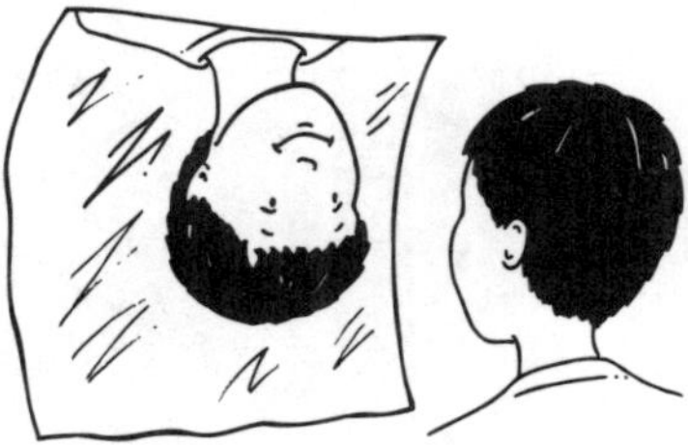

52. Der Rückspiegel

Wenn Sie den Rückspiegel in Ihrem Auto in die Abblendposition kippen, warum ändert sich dann nicht mit der Leuchtstärke des Bildes auch die Blickrichtung?

53. Farben

Eine grüne Bluse sieht grün aus, weil grünes Licht selektiv von der Bluse zu unseren Augen gestreut wird. Wahr oder falsch?

54. Primärfarben

Die einzigen Primärfarben des Lichts sind Rot, Grün und Blau. Wahr oder falsch?

55. Funkelnde Diamanten

Durch eine Facette eines geschliffenen Diamanten dringt ein Strahl von weißem Licht in einem Zufallswinkel ein. Nach zwei inneren Reflexionen an der Rückseite tritt der Strahl durch eine andere, gleichartige Facette wieder aus und trifft dann auf Ihre Augen. Was sehen Sie?

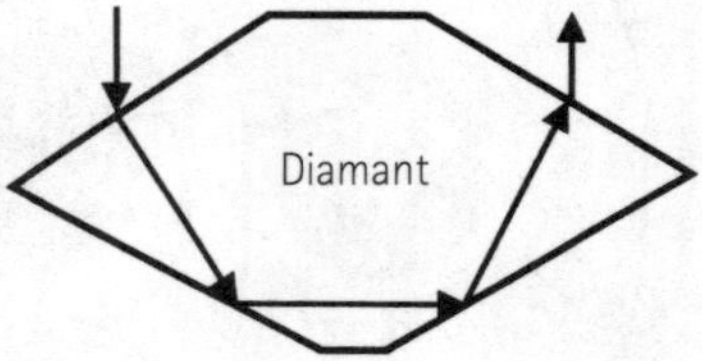

56. Wiedervereintes weißes Licht

Etwa ein Jahr, bevor Newton ein Prisma untersuchte, also im Jahr 1665, berichtete Francesco Grimaldi als Erster, dass sich die von einem Prisma zerlegten Farben des Sonnenspektrums mit Hilfe einer Linse wieder zu weißem Licht vereinigen lassen. Welche Geometrie muss man anwenden, um das zu schaffen?

57. Prismen

Ein dünner Strahl weißes Licht passiert ein Glasprisma, das ihn in seine einzelnen Farben zerlegt. Lassen sich diese farbigen Strahlen zu weißem Licht wiedervereinen, indem man sie durch ein identisches, auf dem Kopf stehendes Prisma schickt?

58. Zusammenkneifen

Warum können kurzsichtige Menschen mit zusammengekniffenen Augen besser sehen? Ja, warum sollte sich das Sehvermögen kurzsichtiger Menschen eigentlich nicht durch eine Brille mit winzigen Löchern verbessern lassen?

59. Polarisierte Sonnenbrillengläser

Polarisierte Sonnenbrillengläser sind so ausgerichtet, dass sie nur vertikal polarisiertes Licht durchlassen. Spiegelnd reflektiertes Licht (dessen Strahlen parallel zueinander sind) von horizontalen Objekten wird nämlich überwiegend horizontal polarisiert. Die vertikal polarisierten Sonnenbrillengläser reduzieren somit das Blenden der Reflexionen von Wasser, Boden, Asphalt usw. Angenommen, das rechte Glas weicht etwa um 30 Grad von der senkrechten Ausrichtung ab. Was werden Sie sehen?

60. Die Sehschärfe

Nach der Beugungstheorie müsste die Sehschärfe des menschlichen Auges umgekehrt zur Wellenlänge zunehmen – das heißt, der Grenzauflösungswinkel müsste für Blautöne kleiner als für Rottöne sein. Tatsächlich hat das menschliche Auge eine Spitzensehschärfe im Grünbereich bei 576 Nanometer. Wie lässt sich diese Diskrepanz erklären?

61. Laserspeckle

Von einem Objekt reflektiertes Laserlicht sieht aus, als würden Sie den Laserfleck (»Speckle«) durch gedehnte Nylonstrümpfe erblicken. Wie erklären Sie diese Beobachtung? Wenn Sie den Kopf seitwärts bewegen, wandert der Nyloneffekt in die entgegengesetzte Richtung!

62. Das Rotfilter

Schreiben Sie mit Buntstiften auf weißes Papier ein rotes R und ein blaues B. Betrachten Sie nun diese Buchstaben durch ein Rotfilter – also ein Material, das nur rotes Licht durchlässt. Sie sehen das R *nicht*! Warum?

63. Rote und blaue Bilder

Haben gleichzeitig vom selben Objekt eintreffende rote und blaue Bilder auf der Netzhaut die gleiche Größe?

64. Farben im Umgebungslicht

Sehen Sie sich in einem Raum, der vom künstlichen Licht von Lampen und/oder Leuchtstoffröhren beleuchtet wird, die Farben Ihrer Kleidung an. Gehen Sie nun hinaus ins Sonnenlicht oder in den Schatten und schauen Sie sich hier Ihre Kleidung an. Was werden Sie sehen? Warum?

65. Um die Ecke sehen?

Warum können wir um die Ecke hören, aber nicht sehen?

66. Der stereoskopische Effekt

Das helle Glitzern von Schneekristallen kann bewirken, dass wir meinen, die Kristalle im Raum über der eigentlichen Oberfläche schweben zu sehen. Den gleichen Effekt können Sie beobachten, wenn Sie die Oberfläche einer gemusterten Aluminiumplatte betrachten – hier scheinen die Abdrücke der Fräse fast dreißig Zentimeter über der Oberfläche zu liegen! Wie lässt sich das physikalisch erklären?

67. Die Augenfarbe

Warum haben die meisten neugeborenen menschlichen Babys blaue Augen? Und überhaupt, welcher physikalische Prozess ist eigentlich für die Augenfarbe verantwortlich?

68. Metallkleidung

Arbeiter an Schmelzöfen tragen oft eine Schutzkleidung, die an der Außenseite eine dünne Metallschicht aufweist. Da Metalle ausgezeichnete Wärmeleiter sind, scheint es unsinnig zu sein, eine solche Kleidung zu tragen (außer vielleicht in modischer Hinsicht, denn die Lichtreflexe funkeln prächtig). Wie schützt also die Metallkleidung die Arbeiter vor der Hitze?

*69. Der Himmel müsste eigentlich violett sein

Die Standarderklärung, warum der Himmel blau ist, beruft sich auf die Rayleigh-Streuung, derzufolge das blaue

Ende des sichtbaren Sonnenlichtspektrums wirksamer als das rote Ende gestreut wird. Ja, diese Rayleigh-Streuung, auch kohärente Streuung genannt, ist proportional zur vierten Potenz der Lichtfrequenz, das heißt, die Blautöne werden etwa sechzehn Mal stärker gestreut als die Rottöne. Da die Blautöne am Himmel von den Luftmolekülen so wirkungsvoll gestreut werden, erscheinen der Himmel blau und die Sonne rot gefärbt. Aber das violette Licht ganz am Ende des sichtbaren Spektrums hat eine größere Frequenz als das blaue Licht. Warum ist der Himmel dennoch nicht violett?

*70. Crookes Radiometer I

Ein Radiometer, auch Lichtmühle genannt, besteht aus vier Flügeln, die sich frei um eine Achse im Inneren eines Glaskolbens drehen, der Luft bei ganz niedrigem Druck enthält. Eine Seite jedes Flügels ist geschwärzt und absorbiert Licht; die andere Seite ist versilbert und reflektiert das einfallende Licht größtenteils. Die Flügel drehen sich, wenn sie beleuchtet werden, wobei sich die schwarze Seite von der Lichtquelle wegbewegt und die versilberte Seite

zum Licht hinbewegt. Die reflektierende versilberte Seite nimmt im Vergleich zur schwarzen Seite etwa den doppelten Impuls pro Photonenreflexion auf. Warum? Weil die Reflexion die Impulsrichtung ändert. Warum also dreht sich das Radiometer nicht andersherum?

*71. Crookes Radiometer II

Wenn Licht auf ein Radiometer fällt, drehen sich die Flügel vorwärts – das heißt, die schwarzen Oberflächen bewegen sich vom Licht weg. Ist es möglich, dass sich das Radiometer in umgekehrter Richtung dreht, ohne dass man den Kolben öffnet?

*72. Frakto-Emission von Licht

Ziehen Sie im Dunkeln ein Stück Klebeband von einer Glasoberfläche ab. Wenn sich Ihre Augen an die Dunkelheit angepasst haben, werden Sie ein schwaches bläuliches Licht entlang der Trennungslinie zwischen Klebeband und Glas sehen. Aufgrund desselben physikalischen Phänomens werden bestimmte Zuckerblättchen einen Lichtblitz ausstrahlen, wenn sie im Dunkeln zerbrochen werden. Wie ist das zu erklären?

*73. Vollkommene Spiegelreflexion

Ein vollkommener Spiegel würde einfallendes Licht in allen Winkeln und Polarisationen reflektieren, wobei sämtliche Energie in die reflektierten Strahlen übergeht. Kann ein solcher Spiegel existieren? (Hinweis: Ein Metallspiegel ist zwar allseitig abstrahlend, absorbiert aber einen

Teil des einfallenden Lichts. Und ein dielektrischer Spiegel aus mehreren Schichten von transparenten dielektrischen Materialien hat zwar ein extrem hohes Reflexionsvermögen, funktioniert aber nur in einem begrenzten Frequenzumfang und innerhalb eines sehr schmalen Winkelbereichs.)

III Luft und Wasser

»Eines steht fest: Alles fließt.«

Spruch nach Heraklit

Das Verhalten von Fluiden (das sind alle Flüssigkeiten und Gase) beruht auf den physikalischen Eigenschaften von Molekülansammlungen, die sich gemeinsam bewegen, um ihren Einfluss in einfachen oder komplexen Mustern auszuüben. Bei den Aufgaben in diesem Kapitel müssen zwar keine Widerstandskräfte berücksichtigt werden, aber Phänomene wie Auftrieb, Fluiddruck, Oberflächenspannung und Strömungskontinuität sollten Sie dennoch nicht außer Acht lassen, wenn Sie über Probleme wie das Segeln bei Windstille, das Trocknen von Wäsche auf einer Leine oder die Beobachtung doppelter Blasen nachdenken.

74. Wie viel wiegt Luft?

Wie viel etwa wiegt ein Kubikmeter Luft auf Meereshöhe? Entscheiden Sie sich zunächst intuitiv für einen Wert aus der folgenden Liste:

(a) weniger als 30 Gramm
(b) etwa 30 Gramm
(c) etwa 150 Gramm
(d) eher 300 Gramm
(e) etwa 1/2 Kilogramm
(f) etwa 1 Kilogramm

75. Feuchte Luft

Zunächst wird ein Kubikmeter trockene Luft bei normalem Druck und normaler Temperatur auf einer Waage gewogen. Dann wird ein Kubikmeter feuchte Luft bei gleichem Druck und gleicher Temperatur gewogen. Welche Luft wird Ihrer Meinung nach mehr wiegen?

76. Ein Kilo Federn

Was wiegt im Vakuum mehr, ein bei normalem Luftdruck gewogenes Kilo Federn oder ein Kilo Eisen? Die Antwort »Sie wiegen gleich viel« ist nicht zugelassen.

77. Bei Windstille segeln

Angenommen, Sie treiben in einem Segelboot auf einem Fluss, und überall herrscht absolute Windstille. Der Fluss strömt mit 4 Knoten dahin, aber Sie möchten Ihren Steg flussabwärts in der kürzestmöglichen Zeit erreichen. Sollten Sie das Segel setzen oder unten lassen?

78. Der unmögliche Traum

Kann ein Segelboot von einem Ventilator angetrieben werden, der an Deck befestigt ist und Luft in ein Segel bläst, das senkrecht zur Mittellinie des Bootes steht?

79. Hubkraft eines Heliumballons

Das Atomgewicht von Heliumgas beträgt 4,0, das Molekulargewicht von Wasserstoffgas 2,0. Somit hat ein Heliumballon mit dem gleichen Volumen und Druck halb so viel Hubkraft wie ein Wasserstoffballon. Richtig?

80. Der umgekehrte kartesische Taucher

Bei der Vorführung des klassischen kartesischen Tauchers gibt man einen medizinischen Tropfer (Pipette) oder ein umgedrehtes verschlossenes Reagenzglas, das etwas Wasser und Luft enthält, als Taucher in eine Plastikflasche voll Wasser und drückt die gegenüberliegenden Seiten der Flasche, damit der Taucher zum Boden absinkt. Dann gibt man etwas mehr Wasser in den Taucher, sodass er gerade noch auf dem Boden ruht. Nun kann man ihn nach oben steigen lassen. Wie ist das möglich?

81. Ein Korken in einem fallenden Eimer

Ein Eimer Wasser enthält einen Korken, der auf irgendeine Weise am Boden festgehalten wird. Dann wird der Eimer vom Dach eines Gebäudes fallen gelassen. In dem Augenblick, in dem der Eimer losgelassen wird, wird auch der Korken freigegeben. Wo befindet sich der Korken, kurz bevor der Eimer auf dem Boden aufschlägt?

82. Nicht mischbare Flüssigkeiten

Zwei nicht mischbare Flüssigkeiten von unterschiedlicher Dichte (etwa Öl und Wasser) werden in die abgebildete Flasche gegossen und heftig geschüttelt. Anfangs ist das sich ergebende Gemisch gleichmäßig verteilt. Schließlich trennen sich die Flüssigkeiten wieder, wobei die Flüssigkeit mit höherer Dichte auf den Boden absinkt. Wie hoch ist der Druck auf den Boden der Flasche im Vergleich zum Druck, als die Flüssigkeiten noch gemischt waren?

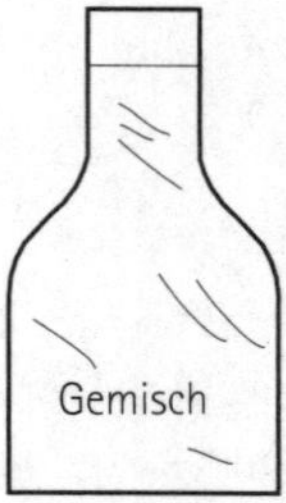

83. Die hydrometrische Waage

Die hydrometrische Waage besteht aus einer verschlossenen Glasröhre mit einem Kolben am unteren Ende, die sich

senkrecht in einem Behälter mit Flüssigkeit befindet. Das Kolbenende kann mit Flüssigkeit oder Stahlkugeln gefüllt werden, bis die Röhre in der sie umgebenden Flüssigkeit in der gewünschten Tiefe schwebt.
Angenommen, dieser Apparat befindet sich auf einer Plattform, die auf- und abschwingt, und zwar in einer einfachen, harmonischen Bewegung. Wie wird sich Ihrer Meinung nach die hydrometrische Waage verhalten?

84. Ein Kind mit einem Luftballon in einem Auto

In einem fahrenden Auto hält ein Kind einen mit Helium gefüllten Luftballon an einer Schnur. Alle Fenster sind geschlossen. Was geschieht mit dem Ballon, wenn das Auto nach rechts abbiegt?

85. Der Speichersee hinter dem Staudamm

Die Stärke eines Staudamms richtet sich nach dem Druck des Wassers dahinter. Der Stausee wird durch einen Fluss gespeist. Muss man den durch den Fluss erzeugten Druck berücksichtigen, um die Stärke des Damms zu ermitteln?

86. Finger im Wasser

Ein Eimer voll Wasser wird auf die eine Schale einer Waage gestellt, auf die andere Schale wird ein gleich großes Gewicht gelegt. Wird das Gleichgewicht gestört, wenn Sie einen Finger ins Wasser tauchen, ohne den Eimer zu berühren?

87. Der schwimmende Felsbrocken

Ein Felsbrocken, der auf einen Klotz aus Balsaholz gebunden wurde, schwimmt auf dem Wasser in einem Behälter. Ist der Felsbrocken oben, taucht exakt die Hälfte des Holzklotzes ein. Wird der Klotz umgedreht, sodass der Felsbrocken unter Wasser ist, taucht weniger als die Hälfte des Holzklotzes ein. Ändert sich der Wasserstand an der Seite des Behälters?

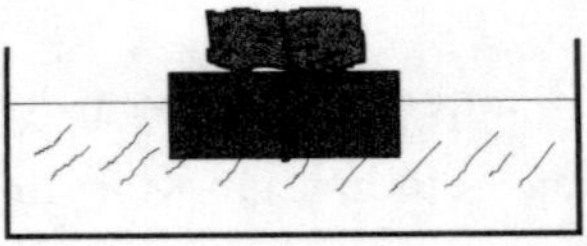

88. Archimedes im Fahrstuhl

Ein Holzklötzchen schwimmt in einem Glas Wasser. Das Glas wird in einen Fahrstuhl gestellt. Wenn der Fahrstuhl mit einer Beschleunigung $a < g$ abwärts zu fahren beginnt, wird dann das Klötzchen höher aus dem Wasser ragen?

89. Ein Kanister mit drei Löchern

Ein Wasserkanister hat auf einer Seite drei gleich große und gleich weit voneinander entfernte Löcher. Der Wasserstand wird in einer konstanten Höhe gehalten, sodass sich das mittlere Loch auf halber Höhe der Wassersäule befindet. Die Zeichnung zeigt eine Variante, wie das Wasser aus den Löchern fließen könnte. Was halten Sie von dieser Darstellung?

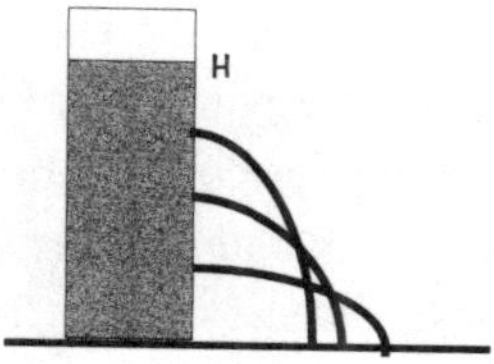

90. Wie die Wäsche auf der Leine trocknet

Warum trocknet Wäsche auf einer Wäscheleine von oben nach unten?

91. Das Kanu im Wildbach

Sie sitzen in einem Kanu ohne Paddel. Und Ihr Boot schwimmt in einem Bach, der auf eine Lücke zwischen zwei Felswänden zufließt, wo das Wasser schneller strömt. Müssen Sie Angst haben, dass das Kanu auf diesen Engpass quer zutreibt?

92. Wohin fließt das Wasser?

In zwei Messzylindern befindet sich jeweils ein Glasröhrchen, wobei das Röhrchen im linken Zylinder etwa einen doppelt so großen Durchmesser wie das andere Röhrchen

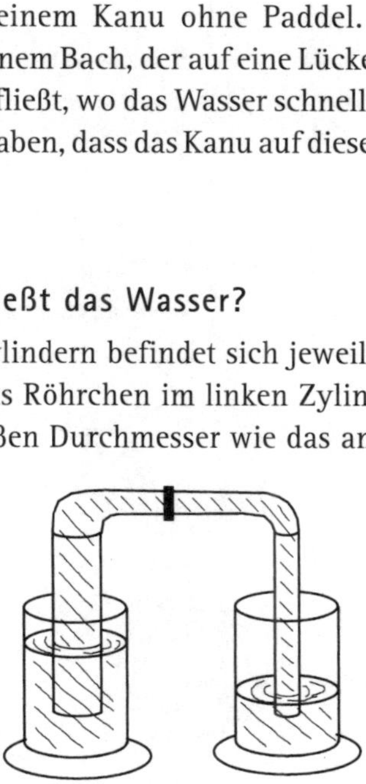

hat. Ein Schlauch verbindet die oberen Enden der Röhrchen, und eine Schlauchklemme regelt den Fluss zwischen den Röhrchen. Das Wasser im System füllt die Röhrchen und den Schlauch sowie großenteils den linken Messzylinder und einen kleinen Teil des rechten Zylinders. Somit sind die Wasserstände unterschiedlich hoch, bevor die Klemme geöffnet wird, damit das Wasser fließen kann. Was wird Ihrer Meinung nach geschehen, wenn die Klemme geöffnet wird?

93. Eisen kontra Plastik

Eine kleine Eisenkugel und eine große Plastikkugel können so auf einer Waage angeordnet sein, dass sich diese im Gleichgewicht befindet. Wenn sich die Waage in einer Glasglocke befindet und die Luft darin ruhig abgesaugt wird (sodass sich keine Konvektionsströmungen bilden), was wird dann Ihrer Meinung nach geschehen?

94. Eisen in Wasser

Eine Waagschale trägt einen Behälter mit Wasser, die andere einen Ständer, von dem eine Eisenkugel herabhängt (siehe Abbildung a). Die Schalen befinden sich im

a

b

Gleichgewicht. Dann wird der Ständer so gedreht, dass die herabhängende Kugel vollständig ins Wasser eintaucht. Offensichtlich ist das Gleichgewicht gestört, da die Schale mit dem Ständer leichter wird. Welches zusätzliche Gewicht muss auf diese Schale gelegt werden, um das Gleichgewicht wiederherzustellen?

95. Das Paradox der schwimmenden Sanduhr

Eine Sanduhr schwimmt oben in einem geschlossenen Zylinder, der vollkommen mit einer klaren Flüssigkeit gefüllt ist. Der Innendurchmesser des Zylinders ist gerade groß

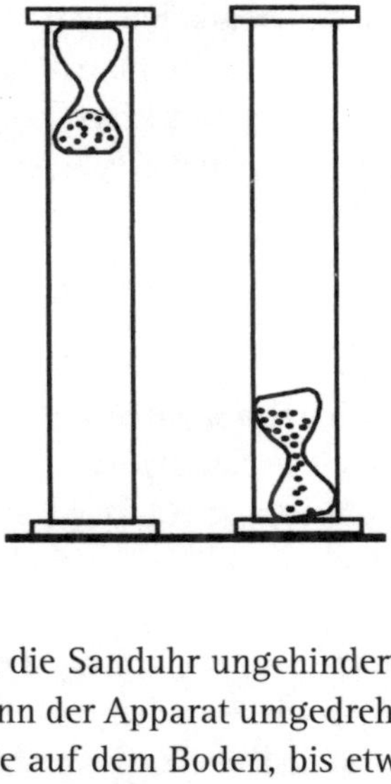

genug, dass sich die Sanduhr ungehindert auf und ab bewegen kann. Wenn der Apparat umgedreht wird, bleibt die Sanduhr so lange auf dem Boden, bis etwa die Hälfte des Sandes in den unteren Kolben gerieselt ist. Dann steigt die Sanduhr langsam nach oben. Worin besteht das Paradox? Wie ist der Vorgang physikalisch zu erklären?

96. Der Luftballon mit dem offenen Mundstück

In einem 500-Milliliter-Glaskolben befindet sich ein aufgeblasener Luftballon. Das Mundstück des Luftballons ist über die Öffnung des Kolbens gezogen, sodass die Luft ungehindert ein- und ausströmen kann. Könnten Sie diesen Versuchsaufbau mit einem identischen Luftballon und einem identischen Kolben wiederholen? Wie kommt es dazu, dass die Außenluft den Ballon in dem Glaskolben aufbläst?

97. Reaktion eines kartesischen Tauchers

Ein gerade noch schwimmfähiger kartesischer Taucher lässt sich zu einem interessanten Verhalten anregen. Ein kräftiger Schlag mit einem Gummihammer auf die Tischplatte neben der Flasche sorgt dafür, dass der Taucher kurzzeitig zum Boden abtaucht. Wie ist das physikalisch zu erklären?

98. Perpetuum mobile?

Der abgebildete Apparat besteht aus einer Kammer, die in der linken Hälfte mit Quecksilber und in der rechten Hälfte mit Wasser gefüllt ist. In der Mitte ist ein Zylinder montiert, der sich auf seiner Achse frei drehen kann. Die im Quecksilber befindliche Seite des Zylinders erfährt eine größere Auftriebskraft als die andere, im Wasser befindliche Seite. Der Unterschied in den Drehmomenten müsste dafür sorgen, dass sich der Zylinder im Uhrzeigersinn dreht, sodass man im Prinzip mit dem Apparat einen elektrischen Generator antreiben könnte. Was sagen Sie dazu?

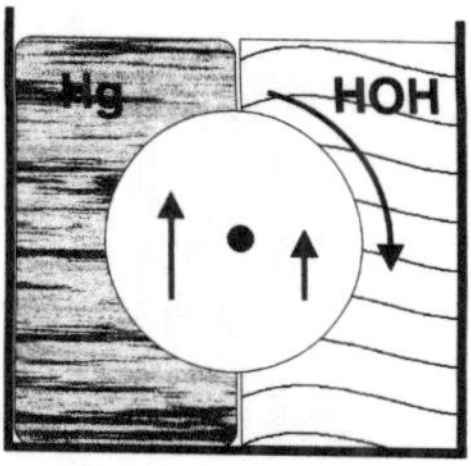

99. Zwei Seifenblasen

Zwei Seifenblasen (oder zwei identische Luftballons) werden an den gegenüberliegenden Enden eines T-förmigen Röhrchens ungleich groß aufgeblasen. Dann wird der Lufteinlass geschlossen, sodass die Blasen miteinander verbunden bleiben. Was wird Ihrer Meinung nach mit der Luft in den Blasen geschehen?

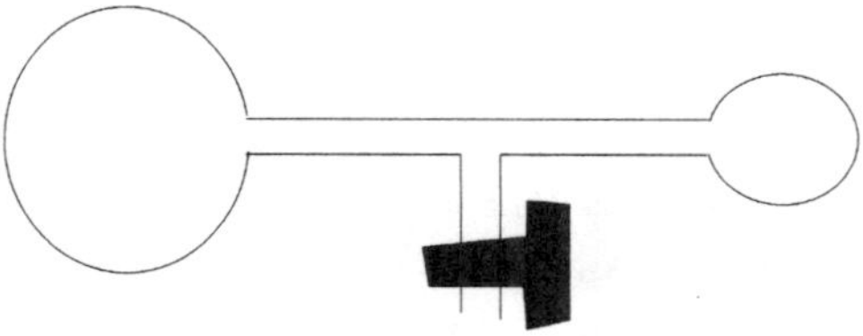

100. Der Trinkhalm

Wenn Sie durch einen Halm trinken, wird die Flüssigkeit durch den Umgebungsluftdruck nach oben gedrückt. Nehmen Sie nun an, dass Sie den Halm einfach aufrecht in die Flüssigkeit stellen, mit dem Daumen das obere Ende zuhalten und den Halm aus der Flüssigkeit heben, wobei Sie ihn noch immer senkrecht halten. Und siehe da – die Flüssigkeit bleibt im Halm! Was wird Ihrer Meinung nach geschehen, wenn Sie nun mit einer Schere oder einem scharfen Messer in den Abschnitt, in dem die Flüssigkeit gehalten wird, ein kleines Loch schneiden?

101. Der Heißluftballon

Die meisten Menschen erklären die Funktionsweise eines Heißluftballons damit, dass »heiße Luft aufsteigt«. Was meinen Sie?

102. Wie sich der römische Aquädukt verbessern ließe

Die Römer bauten oben offene Aquädukte mit einem ungefähr rechteckigen Querschnitt, um bergab über Land Wasser von der Quelle zu den Städten zu befördern. Hohe, teure Bauten trugen sie über die Täler hinweg. Hätten die Römer das Strömen von Flüssigkeiten besser verstanden, dann hätten sie auf all die hohen Stützbauten verzichten und geschlossene Röhren auf dem Boden über die Berge, hinunter in die Täler und wieder über die Berge hinweg verlegen können. Solange sich nämlich die Wasserquelle über der höchsten Erhebung des Systems befindet, wird das Wasser den ganzen Weg bis zu seinem Bestimmungsort fließen.
Angenommen, einer der Berge auf dem Weg ist tatsächlich höher als das Quellgebiet. Wird das geschlossene Röhrensystem dennoch funktionieren?

103. Experiment an der Bar

Drei identische Trinkgläser werden wie auf der Abbildung angeordnet. Die Gläser A und B werden mit Wasser gefüllt, während man sie untertaucht und dann zusammenfügt, bevor man sie aus dem Wasser herausholt. Glas B wird auf Glas C durch ein paar hohle Rührlöffel gehalten. Zusätzliche Rührlöffel liegen auf der Theke bereit. Die Aufgabe besteht nun darin, das Wasser (zumindest den größten Teil davon) aus Glas A in Glas C zu leiten. *Bedingungen*: Zu keiner Zeit dürfen die Gläser oder die hohlen Rührlöffel, die Glas B halten, berührt oder bewegt werden. Die zusätzlichen Rührlöffel können bewegt werden, dürfen aber nicht die Gläser oder die Haltelöffel berühren.

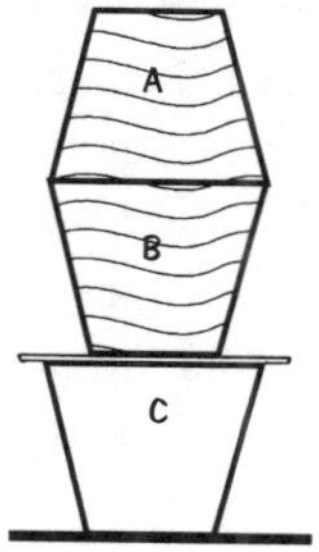

104. Der Reifendruck

Die unter Druck stehende Luft in einem Autoreifen trägt das Gewicht des Autos, oder? Um diesen Gedanken zu überprüfen, messen Sie zunächst den Druck in einem Reifen, der seinen Anteil am Gewicht des Autos trägt. Dann heben Sie das Auto mit dem Wagenheber so weit an, bis der Reifen den Boden nicht mehr berührt. Wenn Sie seinen Luftdruck nun messen, wird es dann irgendeinen Unterschied zwischen den beiden Messungen geben?

*105. Der Saugheber

Seit der Antike verwendet man Saugheber, um Flüssigkeiten über den Rand eines Behälters in einen anderen Behälter, der sich auf einer tieferen Ebene befindet, zu befördern. Trotz seiner langen Geschichte ist es vielen Menschen ein Rätsel, wie ein Saugheber funktioniert. Manche glauben, die Flüssigkeit werde in einem Saugheber durch Luftdruck bewegt. Doch ein Saugheber kann auch in einem Vakuum operieren! Wie also funktionieren Saugheber wirklich? Warum fängt ein Saugheber nicht von selbst an zu arbeiten?

*106. Der umgekehrte Rasensprenger

Wenn bei einem gewöhnlichen rotierenden Rasensprenger Wasser aus den Düsen fließt, dann ist die Drehrichtung der Bewegungsrichtung des austretenden Wassers entgegengesetzt. Im umgekehrten Modus wird der Sprenger in ein Wasserbad eingetaucht und Wasser in die Düsen gedrückt. Wie verläuft Ihrer Meinung nach nun die Drehrichtung?

*107. Hochschießende Wassertröpfchen

Wenn Sie einen mit Wasser gefüllten Styroporbecher über eine ebenmäßige Holzoberfläche mit einer Geschwindigkeit von etwa 10 cm/s schieben, können Sie sehen, wie Wassertröpfchen etwa 20 cm hochschießen. Wie kommt es zu diesem Phänomen?

IV Turbulenzen

> »Ich bin jetzt ein alter Mann, und wenn ich sterbe und in den Himmel komme, gibt's zwei Dinge, bei denen ich auf Erleuchtung hoffe. Das eine ist die Quantenelektrodynamik und das andere ist die Turbulenz von Flüssigkeiten. Bei dem ersteren bin ich wirklich ziemlich optimistisch.«
>
> *Sir Horace Lamb*

Widerstandskräfte wirken auf unterschiedliche Weise, wenn sich ein festes Objekt in einem Fluid (einer strömenden Flüssigkeit oder einem strömenden Gas) bewegt oder wenn ein Fluid in seinem Behälter fließt. In manchen Fällen kommt es zu komplizierten Turbulenzen, und aus einer einfachen ersten annäherungsweisen Erklärung des Verhaltens entwickelt sich oft ein Supercomputermodell, das beinahe unverständlich ist.
Lassen Sie sich auf das Abenteuer der folgenden Aufgaben ein. Beginnen wir zunächst mit einfachen Fragestellungen.

108. Vertikale Wurfbahn

Ein Objekt wird senkrecht nach oben geworfen. Wenn die Luftreibung ignoriert wird, lässt sich die Gesamtzeit für den Hin- und Rückflug errechnen, sofern die Anfangsgeschwindigkeit des Objektes bekannt ist. Nehmen Sie nun an, dass die Luftreibung berücksichtigt wird. Wird das Objekt sich langsamer bewegen, also mehr Zeit für seinen Flug benötigen? Braucht es für Aufstieg und Fall gleich viel Zeit?

109. Ein weiter Weg bis zum Boden

Eine Kugel fällt durch die Luft. Hängt die Endgeschwindigkeit von der Fallhöhe ab? Kann eine Kugel, die später aus anderer, größerer Höhe fallen gelassen wird, die erste Kugel überholen?

110. Galileis Problem – moderne Version

Jemand lässt gleichzeitig eine Bowlingkugel und eine viel leichtere Plastikkugel mit dem gleichen Durchmesser aus der gleichen Höhe in der Luft fallen. Was wird Ihrer Meinung nach geschehen?

111. Das Paradox der fallenden Objekte

Stellen Sie sich zwei identische Kugeln vor. Die eine wird aus dem Ruhezustand aus der Höhe H über dem Boden fallen gelassen. Die andere wird aus gleicher Höhe H im gleichen Augenblick horizontal abgeschossen. Treffen beide Kugeln zur gleichen Zeit auf dem Boden auf (einmal mit und einmal ohne Luftwiderstand)? Angenommen, wir berücksichtigen dabei außerdem noch die Krümmung der Erde. Was geschieht nun?

112. Der Eissegler

Kann sich ein Eissegler schneller als der Wind bewegen, der ihn antreibt?

113. Das Flettner-Rotor-Schiff

Das Flettner-Rotor-Schiff hat einen hohen vertikalen Zylinder auf der Mittellinie, der sich von einem kleinen Motor um seine Längsachse drehen lässt. Nehmen wir an, das Schiff fährt nach Westen, und der Wind kommt direkt von Süden. In welcher Richtung muss sich der Zylinder drehen, damit sich das Schiff vorwärts bewegt – oder spielt die Drehrichtung überhaupt keine Rolle?

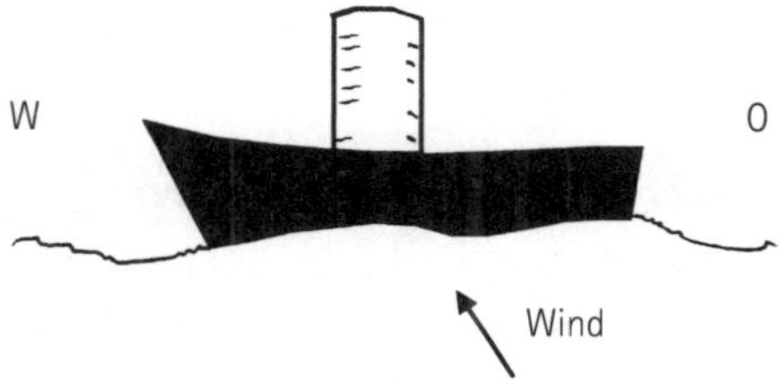

114. Die Auftriebskraft ist doch größer, oder?

Wenn ein Flugzeug in keiner Richtung beschleunigt, sondern in einer geraden Linie in einer konstanten Höhe mit einer konstanten Geschwindigkeit fliegt, gleicht die Auftriebskraft das Gewicht und die Schubkraft den Luftwiderstand aus. Wenn das Flugzeug eine stabile, konstante Steiggeschwindigkeit aufnimmt, ist die Auftriebskraft größer als das Gewicht des Flugzeugs. Oder etwa nicht?

115. Treibende Flöße

Wenn wir Flöße beobachten, die einen Fluss hinabtreiben, fällt auf, dass die Flöße nahe der Flussmitte schneller schwimmen als die in der Nähe der Ufer. Schwer beladene Flöße schwimmen ebenfalls schneller als leicht beladene. Warum?

116. Dubuats Paradox

Angenommen, Sie halten einen Stock in einen Bach, der mit der Geschwindigkeit V dahinfließt. Dann ziehen Sie denselben Stock in der gleichen Ausrichtung mit der Geschwindigkeit V durch stilles Wasser. Solange die relative Geschwindigkeit gleich ist, könnte man folgern, wäre der Wasserwiderstand in beiden Fällen gleich groß. Stimmt das?

117. Tragflächenformen im Luftstrom

Vergleichen Sie eine Tragfläche, die mit ihrer abgerundeten Kante dem Luftstrom gegenübersteht (a), mit der gleichen Tragfläche, die um 180 Grad gedreht ist, sodass ihre keilförmige Kante dem Luftstrom gegenübersteht (b). In welcher Stellung bietet die Tragfläche weniger Widerstand?

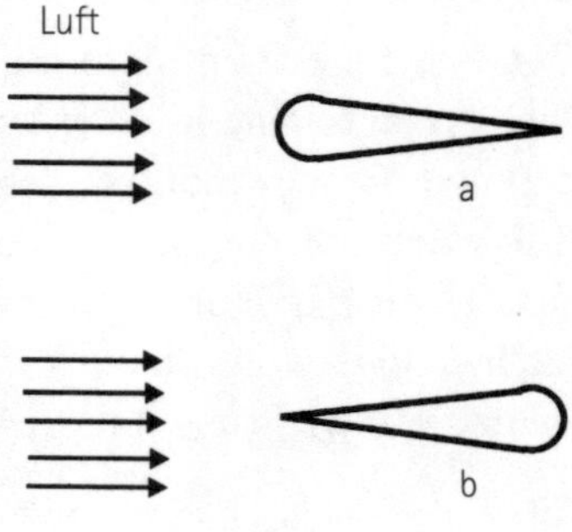

118. Tragflächenformen im Wasserstrom

Vergleichen Sie eine Tragfläche, die dem Wasserstrom mit ihrer abgerundeten Kante gegenübersteht (a), mit derselben Tragfläche, die um 180 Grad gedreht ist, sodass ihre keilförmige Kante dem Wasserstrom gegenübersteht (b). In welcher Stellung bietet die Tragfläche weniger Widerstand?

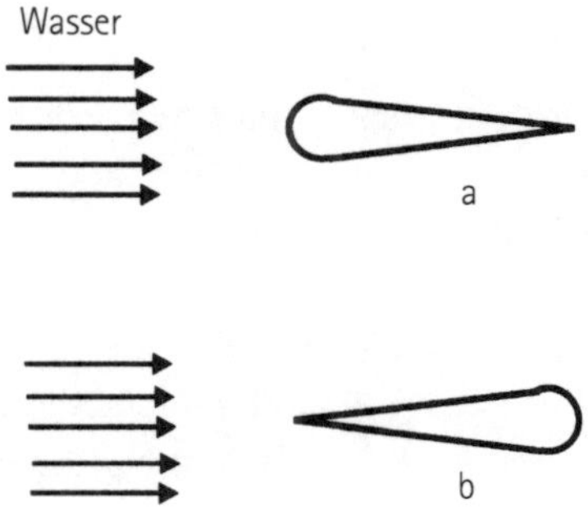

119. Draht gegen Tragfläche

Die Zeichnung zeigt eine Tragfläche, die an ihrer dicksten Stelle 25 Zentimeter dick ist, und einen runden Draht mit einem Durchmesser von 2,5 Zentimeter. Welche Form erzeugt im selben Luftstrom weniger Widerstand?

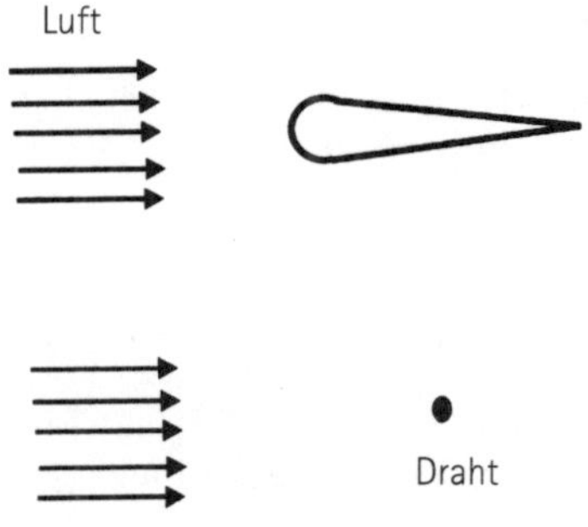

120. Löchrige Flügel

Seit etwa zehn Jahren werden manche Flugzeugtragflächen vom Hersteller in regelmäßigen Abständen mit Millionen von winzigen Löchern versehen. Diese Löcher haben einen Durchmesser von wenigen hundertstel Millimetern und werden mit Lasern erzeugt. Wozu sollen die Löcher gut sein?

121. Frisbeefreuden

Eine geworfene, sich drehende Frisbeescheibe erfährt an der Vorderkante einen Auftrieb, aber die Analyse ergibt, dass am hinteren Teil der Scheibe eine erhebliche, nach unten gerichtete Luftströmung auftritt, sodass der Auftrieb verringert wird. Folglich befindet sich der Auftriebsmittelpunkt während des gesamten Flugs vor dem Schwerpunkt. Gibt es unter diesen Bedingungen irgendein Problem?

122. Aerobie-Wurfring

Der Aerobie-Wurfring ist ein dünner Ring, der sich wie eine Frisbeescheibe werfen lässt und über 300 Meter weit fliegt. Warum kann der Aerobie-Wurfring etwa doppelt so weit wie eine Frisbeescheibe geworfen werden?

123. Drachen I

Bei manchen Drachen ist die untere Schnur der Waage mit einer leichten Feder oder einem Gummiband kombiniert. Warum?

124. Drachen II

Der Schwanz an einem Drachen trägt zur Seitenstabilität bei, indem er bei jeder kurzen Seitenbewegung in die entgegengesetzte Richtung zieht. Der Schwanz kann aus einem Tuchstreifen, einem Stück Papier oder Plastik oder aus einem Becher oder mehreren Bechern bestehen. Wie können diese Becher oder Schleppsäcke ihre Ausrichtung mit der »zylindrischen« Achse parallel zum Wind aufrechterhalten?

125. Fallschirme

Warum haben Fallschirme mindestens ein Lüftungsloch?

126. Seltsames Verhalten einer Mischung

Eine sehr interessante Flüssigkeit lässt sich herstellen, indem Sie Speisestärke und Pflanzenöl im Verhältnis von eins zu drei oder eins zu zwei gut mischen. Das leicht sämige Gemisch lässt sich in Form eines gleichmäßig fließenden Stromes aus einem Glas gießen. Wenn Sie nun ein Stück Styropor elektrisch aufladen und es dem strömenden Gemisch annähern, können Sie es stoppen. Wie ist das physikalisch zu erklären?

127. Ketchup

Ketchup fließt aus einer Flasche anfangs langsam, beschleunigt dann aber, und zwar zuweilen ziemlich heftig. Können Sie das erklären?

128. Der aufgerollte Gartenschlauch

Ein aufgerollter Gartenschlauch kann sich ganz merkwürdig verhalten: Wenn Sie Wasser durch einen Trichter ins obere Ende des Schlauchs gießen, wird am anderen Ende nichts herauskommen. Ja, was noch überraschender ist: In den Schlauch wird nur ganz wenig Wasser eindringen. Warum?

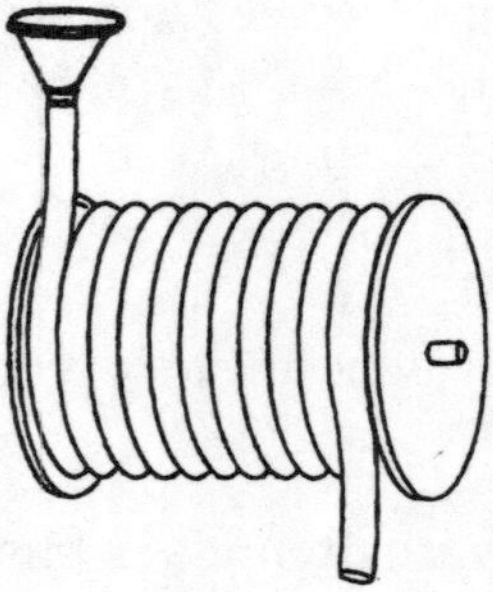

129. Aus einem Rohr fließen

Der Durchmesser von Wasser, das aus einem Rohr oder Schlauch fließt, das oder der nach unten gerichtet ist, nimmt ab – sein Strömen verjüngt sich. Aber eine Nicht-Newtonsche Flüssigkeit mit ihren langen Molekülketten kann sich anders verhalten. Was geschieht Ihrer Meinung nach mit einer Nicht-Newtonschen Flüssigkeit, die aus der gleichen Öffnung austritt?

130. Kugeln in einer viskosen Newtonschen Flüssigkeit

Stellen Sie sich vor, Sie lassen zwei identische Kugeln nacheinander aus der gleichen Höhe und von der gleichen Stelle in einem Winkel von 90° über der Oberfläche in eine viskose Newtonsche Flüssigkeit fallen. Wie wird Ihrer Meinung nach die Bewegung der beiden Kugeln durch die Flüssigkeit verlaufen?

131. Kugeln in einer viskosen Nicht-Newtonschen Flüssigkeit

Stellen Sie sich vor, Sie lassen zwei identische Kugeln nacheinander aus der gleichen Höhe und von der gleichen Stelle im rechten Winkel über der Oberfläche in eine viskose Nicht-Newtonsche Flüssigkeit fallen. Wie wird Ihrer Meinung nach die Bewegung der beiden Kugeln durch die Flüssigkeit verlaufen?

*132. Auftrieb ohne Bernoulli-Effekt

Die meisten Erklärungen für den Auftrieb, der vom Luftstrom hinter den Tragflächen eines Flugzeugs erzeugt wird, berufen sich auf den Bernoulli-Effekt. Doch man kann den Auftrieb erklären, ohne überhaupt auf den Bernoulli-Effekt zurückgreifen zu müssen. Ja, die Tatsache, dass manche Flugzeuge verkehrt herum fliegen können, scheint der Bernoulli-Erklärung direkt zu widersprechen. Wie lässt sich das Fliegen ohne Bernoulli-Effekt erklären?

*133. Sturm in einer Teetasse

Wenn Sie in einer Teetasse rühren, in der sich lose Teeblättchen befinden, werden am Ende die meisten Teeblättchen auf der Mitte des Tassenbodens liegen bleiben. Warum?

*134. Rauchringe I

Ein Rauchring bewegt sich in unbewegter Luft langsam in der Richtung, die senkrecht zur Ebene des Rings ist. In einem solchen Ring drehen sich die Rauchteilchen um die hohle Ringachse des Toroids (Reifens) in den mit den Pfei-

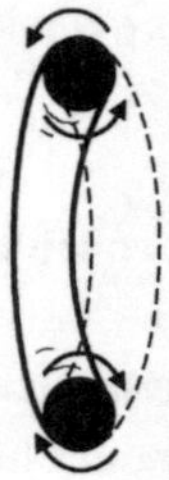

len angegebenen Richtungen (siehe Zeichnung). Was bewirkt, dass Rauchringe sich durch die Luft bewegen? Wohin wird sich der Rauchring in der Zeichnung bewegen?

*135. Rauchringe II

Zwei Rauchringe können einander verfolgen, wobei der nachfolgende Ring sich beschleunigt und schrumpft, während der führende Ring sich verlangsamt und ausdehnt. Der kleinere Ring holt den größeren ein und schlüpft durch ihn hindurch. Dann kehren sich die Rollen um, und der Vorgang wiederholt sich! Eine faszinierende Show – aber wie können wir sie uns erklären?

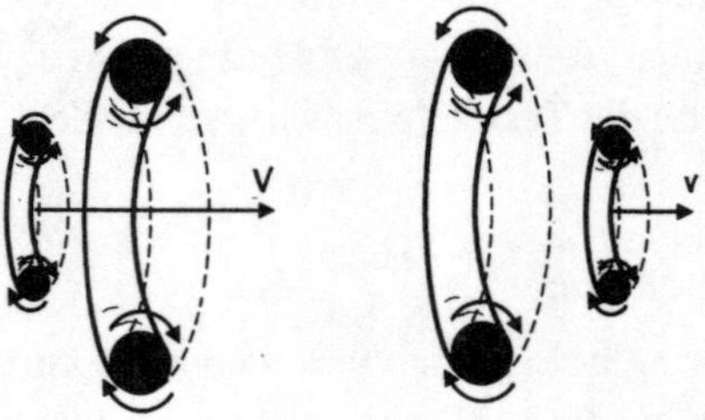

V Die Maus, die brüllte

»›Ülkiger und ülkiger!‹, rief Alice (und in ihrer Überraschung entging ihr, dass man das eigentlich gar nicht sagen kann).«

Lewis Carrol

Wenn wir von Schall sprechen, denken wir gewöhnlich an die Art und Weise, wie er von menschlichen Ohren wahrgenommen wird. Eine Schallquelle ist ein schwingendes Objekt, und die Luft überträgt die Schallwellen zu unseren Ohren, die mit dem Gehirn zusammenwirken, um die Informationen zu übermitteln. Aber Schall ist auch für andere Aspekte des Lebens wichtig. Wenn wir beispielsweise einen ein Meter langen Stab bewegen, sind molekulare Interaktionen – eine Schallwelle – erforderlich, damit das andere Ende weiß, dass es sich mitbewegen soll. Die folgenden Aufgaben sind nur ein kleiner Ausschnitt aus dem riesigen Reich der Akustik.

136. Muschelsymphonie

Wenn Sie sich eine große Muschel ans Ohr halten, können Sie eine wunderbare Symphonie von Tönen hören. Wie kommen diese Töne in die Muschel?

137. Die eigene Stimme hören

Die meisten Menschen behaupten, wenn sie ihre eigene Stimme vom Tonband hören, klinge diese Stimme anders als die Stimme, die sie kennen. Sind wir hier Opfer einer Sinnestäuschung, oder gibt es da wirklich einen Unterschied?

138. Ein Brummen in den Ohren

Halten Sie sich in einem stillen Raum beide Ohren mit den Daumen zu und lauschen Sie sorgfältig dem tiefen Brummen, das eine Frequenz von etwa 25 Hertz oder tiefer aufweist. Woher kommt dieses Brummen?

139. Der Schall in einem Rohr

Wie kommt es, dass eine Schallwelle, die durch ein Rohr wandert, von seinem offenen Ende reflektiert wird – also von nichts?

140. Hellhörige Sommernächte

Wieso wird Schall so gut über Wasser getragen, und warum besonders im Sommer?

141. Kanonenfeuer

Am 2. Februar 1901 wurden in London anlässlich der Trauerfeierlichkeiten für Queen Victoria Kanonen abgefeuert. Das Grollen war in der ganzen Stadt zu hören, aber nicht im umliegenden Land. Seltsamerweise jedoch wurde das Kanonenfeuer klar und deutlich von erstaunten Dorfbewohnern in einer Entfernung von 150 Kilometern vernommen. Wie konnte der Schall über die Randbezirke von London hinwegspringen und nach 150 Kilometern wieder niedergehen?

142. In den Wind sprechen

Warum ist es so schwierig, eine Schallquelle gegen den Wind zu hören, abgesehen davon, dass die Windgeräusche den Schall überdecken? »Weht« der Wind den Schall zurück?

143. Nebelhörner

Warum geben Nebelhörner nur tiefe Töne von sich?

144. Jodlerfreuden

Wie kommt es, dass Bergsteiger und Ballonfahrer oft Menschen, die sich am Boden befinden, sogar in fast tausend Meter Höhe gut hören und verstehen können, während sie selbst in der Tiefe überhaupt nicht zu hören und zu verstehen sind? So ist zum Beispiel ein Jodler auf dem Boden von den Leuten in der Höhe gut zu vernehmen, während dies im umgekehrten Fall oft nicht funktioniert!

145. Stimmgabelcrescendo

Eine Stimmgabel schwingt an den beiden Zinken und entlang ihrem Griff in entgegengesetzten Richtungen. Wenn Sie eine Stimmgabel senkrecht an ein Ohr halten und sie langsam um ihre vertikale Achse drehen, hören Sie, wie der Ton lauter und leiser wird.

Wenn eine Interferenz der von den beiden Zinken erzeugten Schallwellen nicht die Ursache für die unterschiedlichen Lautstärken ist, was dann? (Anmerkung: Die Zinken sind etwa 2 bis 3 Zentimeter auseinander, während die Schallwellenlänge fast einen Meter beträgt.)

146. Hört, hört!

Kann eine Rednerin einen Raum mit ihrer Stimme normalerweise leichter ausfüllen als ein Redner?

147. Gummi und Blei

Schall pflanzt sich in Flüssigkeiten und Feststoffen generell viel schneller fort als in Gasen. So beträgt beispielsweise die Schallgeschwindigkeit in Stahl etwa 5000 Meter pro Sekunde, in Meerwasser etwa 1500 Meter pro Sekunde und in Luft rund 340 Meter pro Sekunde. Warum beträgt aber die Schallgeschwindigkeit in Blei nur 2100 Meter pro Sekunde und – noch überraschender – in Gummi gerade 62 Meter pro Sekunde?

148. Heliumrede

Warum haben Menschen eine höhere Stimme, wenn sie Helium einatmen?

149. Ihr Einsatz, Maestro!

Die Zeichnungen unten zeigen zwei Konzertsäle, deren Architektur sich nur in der Form der Decke über dem Orchester unterscheidet. Die Zahlen stehen für die Zeitunterschiede in Millisekunden zwischen den Ankunftszeiten des direkten und des reflektierten Schalls. Welcher Konzertsaal hat eine bessere Akustik, wenn alle anderen Faktoren gleich sind?

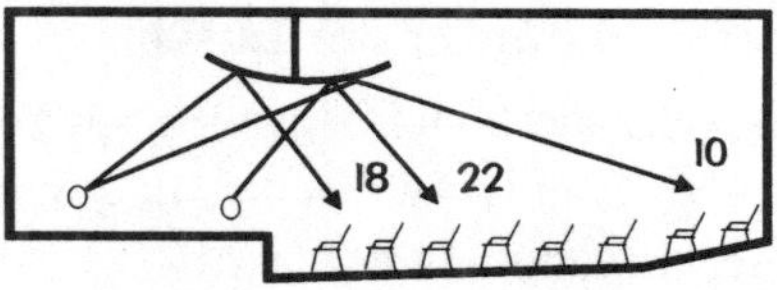

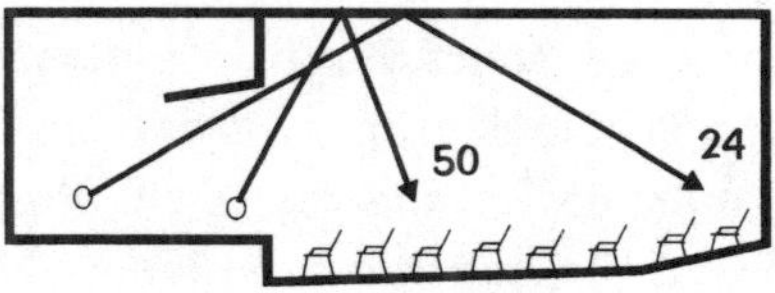

150. Die Maus, die brüllte

Der Film »Die Maus, die brüllte« ist eine klassische Satire – aber gibt es auch eine wissenschaftliche Basis für die Aussage des Titels? Und könnte andererseits ein Elefant ein hochfrequentes Quieken von sich geben?

151. Jede Menge Basstöne

Wie ist es möglich, dass Telefone und andere Apparate mit kleinen Lautsprechern Basstöne wiedergeben, deren Wellenlängen zehn Mal so groß sind?

152. Differenztöne

Bestimmte Arten von Chormusik scheinen Töne zu enthalten, die in den Stimmen der Sänger nicht existieren – und doch hört man deutlich diese zusätzlichen Töne. Solche so genannten Differenztöne vernimmt man oft auch in den Gesängen tibetischer Mönche. Was geht hier vor?

153. Gesangsstars unter der Dusche

Unter der Dusche kann sich zuweilen sogar die Stimme eines schlechten Sängers wunderschön anhören. Können Sie sich diese Verwandlung erklären?

154. An Holz kratzen

Halten Sie sich ein langes Stück Holz an einem Ende ans Ohr. Strecken Sie nun den anderen Arm und kratzen Sie in möglichst großer Entfernung von Ihrem Ohr am Holz. Das Kratzen wird sich ziemlich laut anhören, doch wenn Sie das Holz vom Ohr nehmen und weiter kratzen, dann ist kaum ein Laut zu vernehmen. Warum?

155. Das einfache Schnurtelefon

Bei welcher Ausrichtung des Plastikbecherhörers an dem in der Zeichnung dargestellten Schnurtelefon sind die lautesten Töne zu hören?

156. Überschallflugzeug

Warum erzeugt ein Flugzeug, das mit Überschallgeschwindigkeit fliegt, zwei Überschallknalle?

157. Das singende Weinglas I

Wenn Sie über den Rand eines Weinglases mit einem feuchten Finger reiben, können Sie das Glas zum Singen bringen. Klopfen Sie nun stattdessen mit einem Löffel auf den Rand – was wird Ihrer Meinung nach geschehen? Hängen die beiden Töne miteinander zusammen?

158. Das singende Weinglas II

Wenn Sie über den Rand eines Weinglases mit einem feuchten Finger reiben, können Sie das Glas zum Singen bringen. Was ändert sich an der Frequenz des Tons, wenn Sie in das singende Weinglas noch etwas Wasser geben?

159. Glockenläuten für Anfänger

Warum werden Glocken mit unterschiedlichen Tonhöhen fast immer nacheinander und nicht gleichzeitig angeschlagen?

160. Wie man in den Wald hineinruft ...

An manchen Standorten entstehen Echos, deren Frequenzen sich auffallend vom Originalschall unterscheiden. Wenn Sie zum Beispiel aus einiger Entfernung in eine große Gruppe von Tannen hineinrufen, könnte das Echo Ihrer Stimme um eine Oktave höher liegen. Wie ist das physikalisch zu erklären?

161. Bassverstärker

Wenn aufgezeichnete Musik auf einer Stereoanlage leise abgespielt wird, warum muss der Bass erheblich stärker aufgedreht werden, damit die Klangbalance erhalten bleibt? Warum ist es nicht nötig, den Bass zu verstärken, wenn die gleiche Musik laut abgespielt wird?

162. Persönliche Botschaft

Nehmen wir an, Sie befinden sich in einem Warenhaus oder Einkaufszentrum voller Menschen und möchten gern jemandem mitten in diesem Gedränge eine persönliche Schallbotschaft übermitteln. Ist dies möglich? Denken Sie daran: Stimmschallwellen sind länger als ein Meter, sodass ein normaler Sprecher Schallwellen aussendet, die sich im gesamten Raumwinkel ausbreiten.

163. Die endlose Musiktreppe

Angenommen, ein Musiker spielt wiederholt die gleiche Tonfolge, die sich in einer Oktave nach oben bewegt. Was werden viele Zuhörer wahrnehmen? Statt zu hören, dass das Muster aufhört und dann wieder beginnt, werden sie den Eindruck haben, als würde das Muster in der Tonhöhe endlos nach oben gehen! Wird die umgekehrte Tonfolge wiederholt gespielt, haben die gleichen Hörer den Eindruck, dass das Muster endlos nach unten geht. Wie lässt sich das erklären?

*164. Die Klingel unter der Glasglocke

Bei einer bekannten Versuchsanordnung wird eine elektrische Klingel unter einer Glasglocke betätigt. Wird die Luft herausgepumpt, sind die Klingeltöne weniger hörbar, bis sie bei einem Druck von etwa 1000 N/m^2 völlig unhörbar sind. Was stimmt an dieser Demonstration nicht?

*165. Ein gut gestimmtes Klavier

Trotz seines angenehmen Klangs ist auf einem gut gestimmten Klavier tatsächlich jeder Ton im Verhältnis zu den anderen Tönen leicht verstimmt. Ja, wäre das Klavier perfekt gestimmt, würden seine Klänge Ihrem Ohr wehtun und stellenweise furchtbar verstimmt wirken. Wie ist das zu erklären?

*166. Zeltheringe in den Boden schlagen

Ein stählerner Zelthering lässt sich leicht in harten Boden schlagen und sitzt fest, während ein identisch geformter hölzerner Hering schwer einzuschlagen ist und nur lose sitzt. Worauf beruht dieser erstaunliche Unterschied?

*167. Lautstärke

Das menschliche Ohr reagiert gegenüber der Schallintensität auf nichtlineare Weise. Die Lautstärke wird nach einer logarithmischen Skala in Dezibel (dB) gemessen. Die Referenzschallintensität (Hörschwelle) $I_0 = 10^{-12}$ Watt/m^2, sodass der logarithmische Schallstärkepegel $L_1 = 10 \log (I_1/I_0)$. Um den logarithmischen Schallstärkepegel zu verdoppeln, sorgt man daher dafür, dass $\log (I_2/I_1) = 2$. Doch wenn man den Schallpegel verdoppelt, verdoppelt sich normalerweise nicht die subjektive Lautstärkeempfindung. Warum nicht?

VI Gegensätze ziehen sich an

»... und nichts ist, als was nicht ist.«
William Skakespeare (Macbeth)

Wir leben in einer elektrischen Welt, und elektrische und magnetische Phänomene beherrschen alle Bereiche unseres Alltagslebens – von der neuronalen Übertragung von Signalen zum und vom Gehirn bis hin zur Funktionsweise eines Computers. Die Aufgaben in diesem Kapitel, etwa die Herstellung einer Kartoffelbatterie, die Analyse einer Magnetsphäre oder die Vorstellung von einer schwebenden Maus, sollen Ihr Verständnis von einer der grundlegenden Interaktionen der Natur vertiefen. In den meisten Fällen müssen Sie zunächst davon ausgehen, dass sich die elektrischen und magnetischen Geräte in idealer Weise verhalten.

168. Ein Schaltkreis mit drei Lampen

Drei identische Lampen sind wie in der Zeichnung in Reihe geschaltet. Wenn man nun die Punkte a und b mit einem Draht verbindet, wird dadurch die Helligkeit der Lampen 1, 2 und 3 beeinflusst?

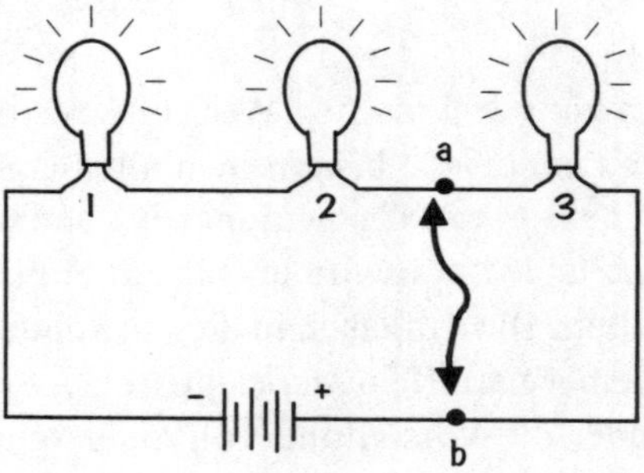

169. Kartoffelbatterie

Sie können sich eine Kartoffelbatterie basteln, indem Sie Elektroden aus Kupfer und Zink (oder Kupfer und Magnesium) in eine Kartoffel stecken. Die Klemmenspannung beträgt über 1 Volt. Was wird Ihrer Meinung nach geschehen, wenn Sie eine kleine Glühbirne mit den Klemmen verbinden?

170. Widerstandsnetze

Welcher der beiden unten abgebildeten Stromkreise benötigt mehr Strom aus der Batterie?

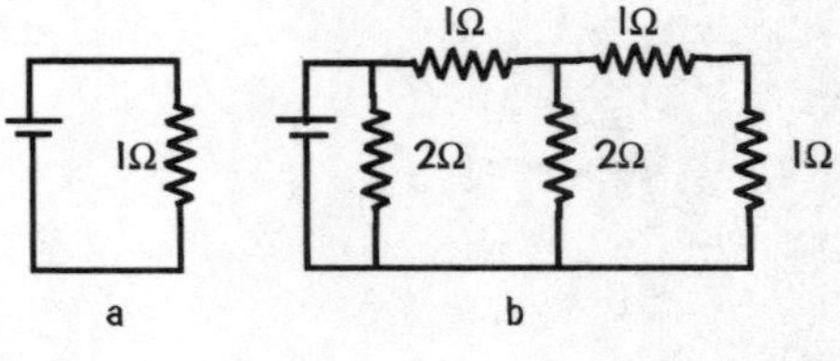

171. Ein realer Kondensator

Ein isolierter, geladener Kondensator hält seine Ladung nicht auf ewig. Warum nicht?

172. Das Kondensator-Paradox

Zwei identische ideale Kondensatoren haben jeweils einen unendlichen Innenwiderstand. Kondensator A wird auf den Wert Q aufgeladen, Kondensator B bleibt ungeladen. Beide Kondensatoren werden nun mit einem idealen Leiter von null Widerstand verbunden, und die Ladungen werden zwischen den beiden Kondensatoren oszillieren. Angenommen, der Widerstand des Verbindungsdrahts beträgt R, bei einer thermischen Isolierung. Jetzt spürt man, dass der Draht heiß wird. Woher stammt die Energiequelle für die Erwärmung? Wenn der Drahtwiderstand R tatsächlich null ist, werden dann die Oszillationen ewig weitergehen?

173. Ladungsabschirmung

Wenn Sie sich im Inneren eines hohlen Leiters befinden, sind Sie von allen Ladungen auf der Außenseite völlig abgeschirmt. Was aber geschieht, wenn Sie diese Situation umkehren und um eine Ladung eine Metallabschirmung anbringen? Nach dem Gauß'schen Gesetz werden Sie im Inneren der Metallabschirmung ein elektrisches Feld aus der Ladung feststellen. Gibt es irgendeine Möglichkeit zu verhindern, dass das elektrische Feld aus dieser elektrischen Ladung Sie erreicht?

174. Drei Kugeln

Drei identische Metallkugeln sind, wie in der Zeichnung dargestellt, angeordnet. Jede hat einen Radius von 10 Zentimeter, wobei die Kugelmittelpunkte bei 0 Zentimeter, 50 Zentimeter und 100 Zentimeter liegen. Kugel A ist mit Kugel B und Kugel B mit Kugel C durch extrem dünne Drähte verbunden (vernachlässigen Sie jede elektrische Ladung auf den Verbindungsdrähten). Die Gesamtladung auf allen drei Kugeln ist Q. Wie viel beträgt die Ladungsmenge auf der mittleren Kugel?

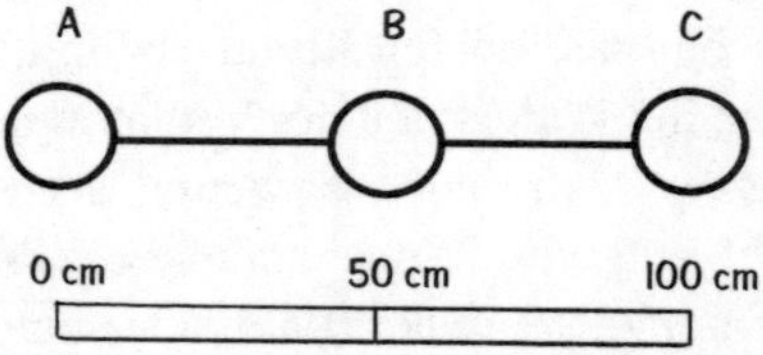

175. Induktive Ladungen?

Stellen Sie sich ein neutrales Elektroskop vor. Ist es möglich, auf dem Elektroskop eine positive Nettoladung zu hinterlassen, wenn man als einziges nichtneutrales Objekt nur einen negativ geladenen Stab zur Verfügung hat?

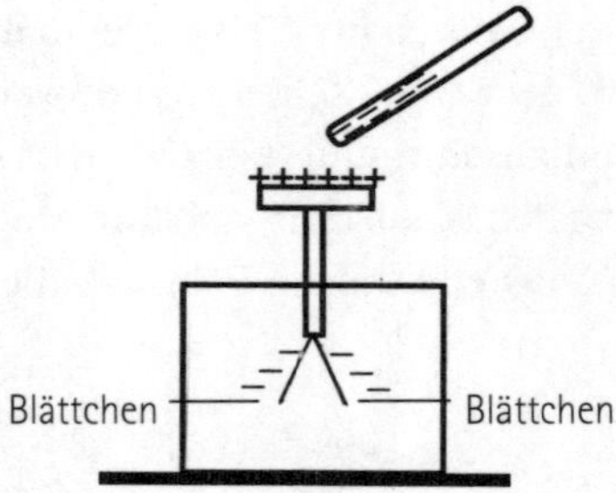

176. Parallele Ströme I

Zwei parallele Drähte, in denen elektrische Ströme in der gleichen Richtung fließen, erfahren eine Anziehungskraft. Wenn man sich mit den Elektronen im Draht mitbewegt, scheinen diese aber zu ruhen. Daher sollte das Magnetfeld des Elektrostroms verschwinden. Ziehen die Drähte für diesen sich bewegenden Beobachter einander an?

177. Parallele Ströme II

Ein Beobachter in einem Koordinatensystem S sieht zwei identische Ladungen im Ruhezustand. Nach dem Coulomb'schen Gesetz stoßen diese beiden Ladungen einander ab. Die gleichen beiden Ladungen scheinen parallele Ströme zu sein, die einander anziehen, wenn sie in einem Koordinatensystem S' beobachtet werden, das sich senkrecht zu der Leitung bewegt, die die Ladungen verbindet. Lässt sich dieses Paradox lösen?

178. Dreht sich das Rad?

Die Achse eines Rads liegt auf der Oberfläche eines Ölbads, und vier gleich große Ladungen *q* sind gleichmäßig um seinen Umfang herum verteilt. Die starre Ladung *Q* stößt alle vier Ladungen *q* ab. Was wird Ihrer Meinung nach mit dem Rad geschehen?

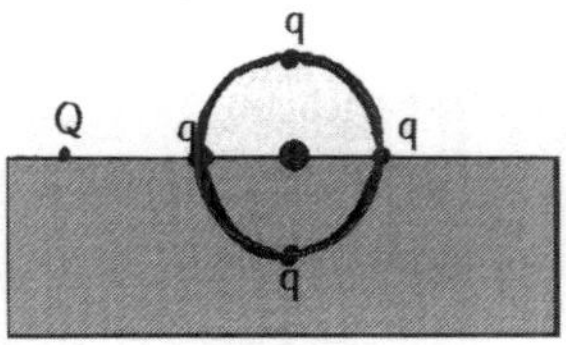

179. Ladungsbahn

Eine kleine ideale Testladung q wird aus dem Ruhezustand an ihrem Standort zwischen den beiden Ladungen $+Q$ und $-Q$ freigesetzt, die in ihrer Position fixiert sind. Wird die Testladung der Kurve der elektrischen Feldlinie zur Ladung $-Q$ folgen?

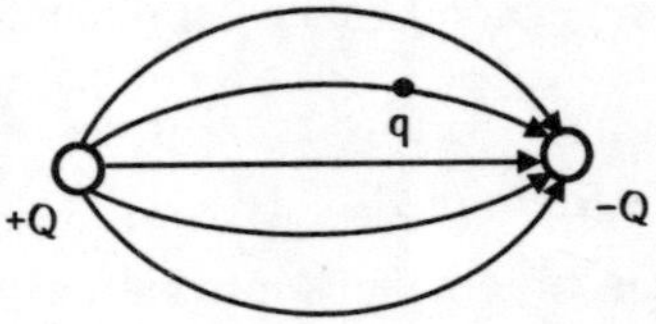

180. Was zeigt das Spannungsmessgerät an?

Im abgebildeten Stromkreis fließt ein Strom von 1 Ampere durch jeden der 2-Ohm-Widerstände, und der Strom durch den 4-Ohm-Widerstand ist null. Was wird ein Spannungsmessgerät anzeigen, wenn es zwischen den Punkten A und B angeschlossen wird?

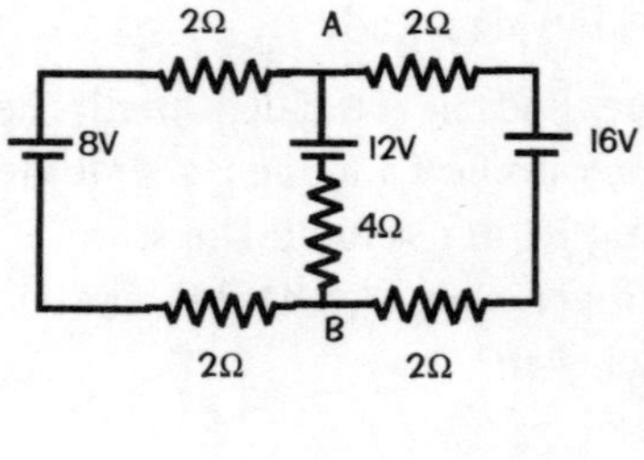

181. Linearer Widerstand

Die Verdoppelung der Spannung an einem Standardwiderstand hat stets die Verdoppelung der Stromstärke zur Folge. Richtig?

182. Radioaktive Ströme

Eine isolierte radioaktive Quelle strahlt Alphateilchen in alle Richtungen ab. Dieser Ladungsfluss aus der Quelle ist ein elektrischer Strom. Welches Magnetfeld ist mit diesem Strom verbunden?

183. Welcher Stab ist der Magnet?

Der einzige Unterschied zwischen zwei Stahlstäben besteht darin, dass der eine ein Dauermagnet und der andere nicht magnetisiert ist. Können Sie ohne zusätzliche Hilfsmittel bestimmen, welcher Stab der magnetisierte ist?

184. Wozu dient der Anker?

Manche Dauermagnete haben zwischen den Polen eine Querverbindung, einen so genannten »Anker«. Warum ist der Anker wichtig?

185. Der Magnet

Schließen Sie einen starken Hufeisenmagneten mit einem Eisenband A ab, wie es die Zeichnung zeigt. Der Magnet ist stark genug, um dieses Band zu halten. Nehmen Sie dann einen Stab B aus Weicheisen und legen Sie ihn am Magneten, wie in der zweiten Zeichnung dargestellt, an.

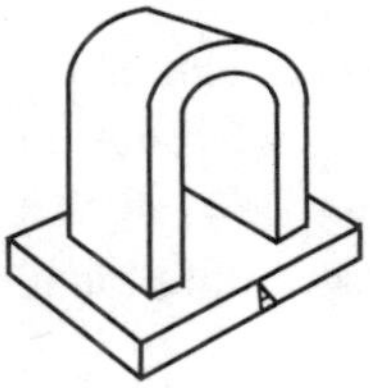

Das Band A fällt sofort ab. Wird der Stab B entfernt, hält der Magnet das Band A wieder ohne weiteres fest. Wie ist das physikalisch zu erklären?

186. Magnetkugel

Magnete haben mindestens zwei Pole. Wenn es jemandem gelänge, einen Magneten mit nur einem Pol zu bauen, wäre das eine großartige Errungenschaft. Hier ein bescheidener Vorschlag: Zerschneiden Sie eine Stahlkugel in unregelmäßige Abschnitte, wie sie die Zeichnung zeigt. Dann magnetisieren Sie alle spitzen Enden als Südpole und alle anderen Enden als Nordpole. Nun fügen Sie alle magnetisierten Abschnitte wieder zusammen, sodass sie erneut eine Kugel bilden. Wird die magnetisierte Kugel an der Außenseite einen Nordpol haben? Ist der Südpol verschwunden?

[a]

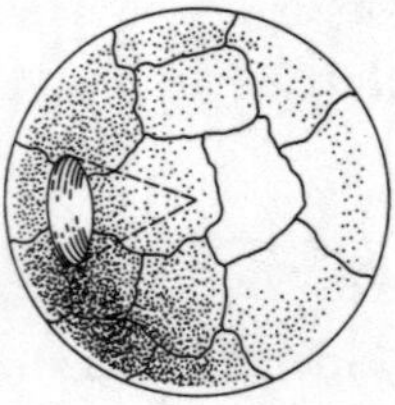

[b]

187. Zwei Kompasse

Nehmen Sie zwei identische Kompasse, legen Sie einen auf einen Tisch und lassen Sie seine Nadel zur Ruhe kommen. Nun nähern Sie den zweiten Kompass dem ersten, schütteln ihn, bis seine Nadel hin und her schwingt, und legen ihn auf den Tisch nahe dem einen Ende der Nadel des ersten Kompasses. Was wird Ihrer Meinung nach mit den Kompassnadeln geschehen?

188. Was bewirken Magnete?

Wir wissen, dass Magnetfelder nie auf geladene Teilchen einwirken. Bringt man aber einen stromführenden Draht in ein Magnetfeld, wird er kinetische Energie gewinnen, da sich der Draht als Reaktion auf die Magnetkraft beschleunigt. Wie kann das sein?

189. Elektrische Abschirmung

Wird ein elektrischer Schild, der das Innere eines Volumens vor einem äußeren elektrischen Feld abschirmt, auch gegen eine einfallende elektromagnetische Welle abschirmen?

190. Repulsionsspule I

Ein leitfähiger Metallring um eine senkrechte Spule wird schweben, wenn ein gleichmäßiger Wechselstrom durch die Spule fließt (siehe Zeichnung). Wenn dieser Metallring um die Repulsionsspule durch einen steifen nichtleitfähigen Schnurring ersetzt wird, was wird dann Ihrer Meinung nach geschehen? Wird um diesen Schnurring eine elektromotorische Kraft auftreten?

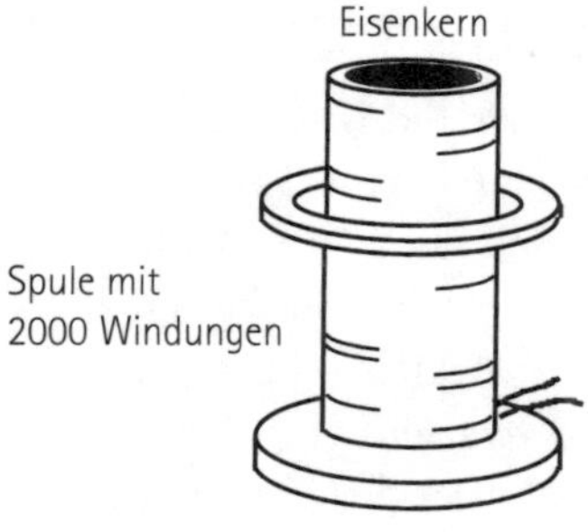

191. Repulsionsspule II

Warum springt ein leitfähiger Metallring um eine Repulsionsspule, wenn der Wechselstrom durch die Spule plötzlich eingeschaltet wird?

192. Magnettonband

Wenn eine Magnettonbandschleife elektrisch geladen wird, welche Form wird das Band Ihrer Meinung nach annehmen?

193. Kelvin-Wassertropfer

Der nach seinem Erfinder Lord Kelvin benannte Kelvin-Wassertropfer ist ein erstaunlicher Apparat, der mit Hilfe von Wasser Stromspannungen bis zu 15000 Volt erzeugt.

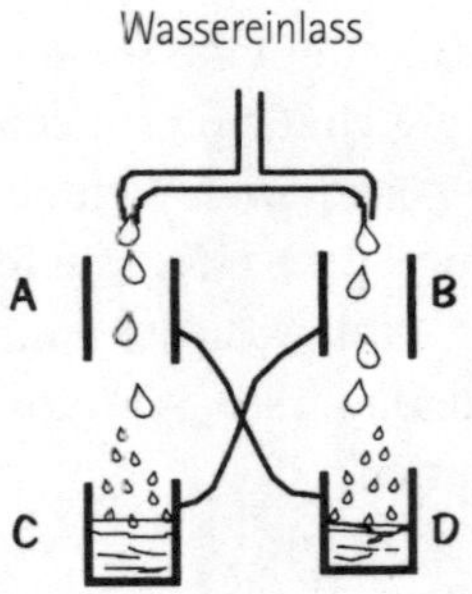

Die Dosen A und D sowie die Dosen B und C sind elektrisch miteinander verbunden. Wasser tropft durch die beiden bodenlosen Metalldosen A und B und wird in den Dosen C und D gesammelt. Fast unmittelbar nach Inbetriebnahme werden die elektrisch neutralen Dosen elektrisch aufgeladen, und zwar das eine Paar positiv und das andere Paar negativ. Die sich dabei entwickelnden Spannungen können so hoch werden, dass eine kleine Leuchtstofflampe, die in die Nähe einer der Dosen gebracht wird, aufleuchtet. Wie funktioniert dieser Apparat?

*194. Gegenelektromotorische Kraft

Blockiert die gegenelektromotorische Kraft eines Motors den Energiefluss zum Motor? Warum?

*195. Achsensymmetrie

Ein langer geladener Draht in der Achse eines langen, gegenpolig geladenen Rohres erzeugt ein axialsymmetrisches elektrisches Feld. Was geschieht mit einem neutralen, polarisierbaren Teilchen in diesem Feld?

*196. Der schwebende Kreisel

Ein aus einem Dauermagneten bestehender kleiner Kreisel kann eine stabile Schwebelage in der Luft über einer leicht nach innen gewölbten magnetischen Plattform mehrere Minuten lang halten. Wie funktioniert das?

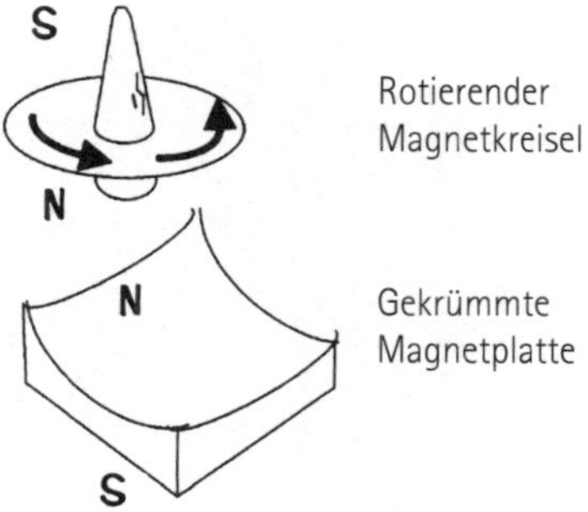

*197. Die schwebende Maus

Vor nicht allzu langer Zeit hat man eine Maus in einem Magnetfeld zum Schweben gebracht. Wie lässt sich dies erklären?

Antworten

Steigende Temperaturen

1. Wohlig warm

Gießen Sie die Hälfte des kalten Wassers in der Thermosflasche B in den Behälter D und stellen Sie D in die Thermosflasche A. Die Endtemperatur des Wassers in A wie in D wird 60 °C betragen. Gießen Sie nun das 60 °C warme Wasser im Behälter D in die Thermosflasche C. Wiederholen Sie das Verfahren mit der anderen Hälfte des kalten Wassers in der Thermosflasche B. Die Endtemperatur im Behälter D und in der Thermosflasche A wird etwa 47 °C betragen. Gießen Sie nun das Wasser aus D in die Thermosflasche C, und die Endtemperatur des Wassers in der Thermosflasche C wird bei etwa 53 °C liegen.

2. Wasser mit kochendem Wasser kochen

Nein. Reines Wasser kocht bei 100 °C. Wenn das Wasser im kleinen Behälter 100 °C erreicht, wird keine Wärmeenergie vom kochenden Wasser auf das 100 °C heiße Wasser im kleinen Behälter übertragen. Um Wasser bei 100 °C in Dampf zu verwandeln, sind zusätzlich 580 Kalorien pro Gramm erforderlich.

3. Gas und Dampf

Ja. Dampf ist ein Gas unterhalb seiner kritischen Temperatur. Die kritische Temperatur von Wasser beträgt

374 °C. Oberhalb dieser kritischen Temperatur wird Wasserdampf nicht zu Tröpfchen kondensieren, ganz gleich, unter welchem Druck er steht.
Mit »Dampf« bezeichnet man umgangssprachlich den sichtbaren Nebel aus Wassertröpfchen. Physikalisch definiert man Dampf als Wasserdampf bei oder über dem Siedepunkt von Wasser – also 100 °C bei normalem Druck. Im Alltag nennen wir Dampf das, was wir um die Tülle einer Teekanne herum erblicken.

4. Eis in kochendem Wasser?

Das Wasser am Boden des Reagenzglases bleibt kalt genug, sodass das Eis nur ganz langsam schmilzt. Das heißere Wasser im oberen Teil ist weniger dicht und bleibt oben. Die schlechte Leitfähigkeit von Wasser begrenzt die Übertragungsgeschwindigkeit der Wärmeenergie auf das Eis am Boden.

5. Zwei Quecksilbertröpfchen

Gehen wir vom Idealfall aus, dass keine Wärmeenergieübertragung von den Tröpfchen an die Umgebung stattfindet. Wir können feststellen, dass die Oberfläche des neuen Tröpfchens kleiner als die Gesamtoberfläche der beiden ursprünglichen Tröpfchen ist. Die Abnahme der Oberfläche bedeutet eine Abnahme der Energie der Oberflächenspannung, die erforderlich ist, um das Quecksilber in seine Form zu ziehen. Die zusätzliche Energie lässt die Temperatur des größeren Tröpfchens steigen. Wenn sich dieser Prozess auf einer ebenen Oberfläche wie einer Glasplatte abspielt, muss man auch die Energieveränderungen des Erdanziehungspotenzials einbeziehen, und dann ist sogar eine noch größere Temperaturveränderung möglich.

6. Trinkender Vogel

Der bekannte trinkende Spielzeugvogel bezieht seine Energie aus dem Temperaturunterschied zwischen seinem Körper und seinem Kopf. Der Kolben hat Raumtemperatur, aber der Kopf ist kühler, und zwar deshalb, weil Wasser aus der großen Oberfläche des Filzes an der Außenseite von Kopf und Schnabel verdunstet. Wegen dieses Temperaturunterschieds ist der Druck des Dampfes im Körper größer als der Druck im Kopf – ein Teil des Methylenchlorids wird also im Röhrchen nach oben gedrückt und verlagert den Schwerpunkt, sodass der Kopf nach unten geht und der Schnabel ins Wasser eintaucht. In dieser Position ist das untere Ende des Röhrchens offen für den Dampf, und Flüssigkeit läuft in den Kolben am unteren Ende des Körpers zurück. Der Vogel richtet sich wieder auf, und der Zyklus beginnt von vorn.

7. Zimmerheizung

Paradoxerweise lautet die Antwort, dass die Gesamtenergie der Luft im Zimmer gleich bleibt. Wird die Lufttemperatur durch die Heizung erhöht, dehnt sich die Luft im Zimmer aus, wobei ein Teil der Luft durch Poren und Risse in den Wänden nach außen dringt. Diese entweichende Luft nimmt die von der Heizung hinzugefügte Energie mit! Bei Luft – die Gesetze für ideale Gase gelten in guter Näherung auch für Luft – ist der Energiegehalt der Luft im

Zimmer unabhängig von der Temperatur, wenn der Druck sich nicht ändern darf. Aufgrund der Relation $PV = nRT$ weiß man, dass die Zunahme des Volumens V direkt proportional zur Zunahme der Temperatur T ist, wenn der Druck P konstant gehalten wird. R ist die Gaskonstante, und n ist die Zahl der Mols eines idealen Gases. Stellen wir uns einen Raum vor, der sich zu seinem neuen, größeren Volumen mit der gleichen Zahl von n Mols ausdehnen darf. Wenn man nun aus diesem größeren Volumen einen Raum mit dem ursprünglichen Volumen ausschneidet, verringert man n um den gleichen Faktor. Daher besagt die Relation für das ideale Gas, dass die Gesamtenergie die gleiche wie vorher ist.

8. Bei Zimmertemperatur zittern

Das Zittern ist nicht die normale Reaktion des Körpers, denn es findet ja nicht viel Übertragung von Wärmeenergie pro Sekunde statt. Der Einfachheit halber ignorieren wir die Wärmewirkungen, die mit dem Tragen von Kleidung verbunden sind. Unabhängig davon müssen wir mindestens drei Effekte berücksichtigen:

1. Die Temperatur der Hautoberfläche ist viel niedriger als die Temperatur des Körperinneren von 37 °C.
2. Die Luft ist ein schlechter Wärmeleiter, und ohne Konvektionsströme ist die Übertragung von Wärmeenergie durch die Luft ineffizient.
3. Die Verdunstungsgeschwindigkeit von Wasser auf der Hautoberfläche hängt von der Geschwindigkeit der Umgebungsluft ab. Ist sie ruhig, bildet sich eine stehende Warmluftschicht über der Haut, und die Verdunstungsgeschwindigkeit ist klein. Im Vergleich zur

nahezu unbewegten Luft erhöht sich schon bei einer sanften Brise von 5 km/h die Verdunstungsgeschwindigkeit (Windchilleffekt).

9. Identische Kugeln werden erwärmt

Nein. Die an der Schnur hängende Kugel wird wärmer. Die Veränderungen der potenziellen Schwerkraftenergie der Kugeln fallen unterschiedlich aus, wenn sie sich ausdehnen. Ein Teil der Wärmeenergie bewirkt, dass der Schwerpunkt der Kugel auf dem Tisch steigt, folglich ist ihr Temperaturanstieg geringer als erwartet. Die Ausdehnung der hängenden Kugel senkt ihren Schwerpunkt, und darum steigt ihre Temperatur mehr als erwartet.

10. Hamburger braten

Hamburger garen tatsächlich schneller, wenn die Außenseite nicht anbrennt, was gewöhnlich geschieht, wenn man sie über einer hohen Flamme auf dem Grill brät. Das angebrannte Fleisch an der Außenseite ist ein schlechter Wärmeleiter, und darum dauert es länger, bis das Fleisch im Inneren die erforderliche Temperatur erreicht. Somit gilt folgende Faustregel: Langsam gebratene Hamburger werden schneller gar.

11. Hamburger oder Steaks braten

Bei einer Steakscheibe befinden sich die Oberflächenbakterien meist auf der Außenseite und nicht im Inneren, und wenn das Steak erhitzt wird, werden sie rasch abgetötet. Bei Hackfleisch hingegen sind die Oberflächenbakterien im ganzen Hamburger verteilt, weshalb der Hamburger gründlicher gegart werden sollte, um diese Bakterien zu vernichten.

12. Benzinverbrauch und Kilometerleistung

Mit vier Liter kaltem Benzin wird eine größere Kilometerleistung erzielt, weil es mehr Moleküle enthält. Wie die meisten Substanzen dehnt sich Benzin aus, wenn die Temperatur zunimmt. Und sofern sich der Messbehälter nicht ebenfalls ausdehnt, um den Verlust an Molekülen exakt auszugleichen, kann man mit vier Litern warmem Benzin nicht so weit fahren.

13. Tripelpunkt von Wasser

Bei 273,16 K befinden sich alle drei Zustände von Wasser – fest, flüssig und gasförmig – in einem geschlossenen Gefäß im Gleichgewicht, sofern keine andere Substanz darin existiert. Der gesättigte Dampf erzeugt den Druck. Wenn ein wenig zusätzliche Wärmeenergie aus der Umgebung gewonnen wird oder an sie verloren geht, wird die Temperatur gleich bleiben. Gelangt ein wenig Energie in das System, wird ein wenig Eis schmelzen und ein wenig Wasser verdampfen, und das Volumen der flüssigen und der festen Zustände wird sich geringfügig verringern, aber ein wenig mehr Verdunstung wird dafür sorgen, dass der Druck konstant bleibt.

14. Erwärmen oder nicht erwärmen?

Indem Sie sanft blasen, geben Sie warme Luft aus Ihrer Lunge ab, die die kühlere Haut Ihrer Hände erwärmt. Wenn

Sie kräftig blasen, treten zwei Effekte auf: Erstens wird kühlere Raumluft durch den Bernoulli-Effekt in den Luftstrom gedrückt, und zweitens erhöht sich die Verdunstungsgeschwindigkeit auf der Haut, und dazu ist Wärmeenergie von der Oberfläche erforderlich. Beide Effekte erzeugen das Gefühl von Kühle.

15. Klimaanlagen in modernen Flugzeugen

Es kostet viel Energie, um in 10000 m Höhe Frischluft von außen zuzuführen. Die Frischluft muss zuerst auf etwa 1 Atmosphäre komprimiert werden, was ihre Temperatur erheblich über normale Kabinentemperaturen steigen lässt, und dann muss sie auf die gewünschte Temperatur abgekühlt werden. Beide Prozesse erfordern beträchtliche Energie aus Treibstoff. Daher kann Treibstoff gespart werden, wenn pro Flugmeile mehr Luft umgewälzt und weniger Frischluft zugeführt wird. Manche Leute behaupten, durch diese erhöhte Umwälzung der verbrauchten Luft bei Raumtemperatur würden auch mehr Bakterien umgewälzt, und das könnte zu Gesundheitsproblemen führen.

16. Aus! Aus! Kurzes Kerzenlicht

Die Flamme geht aus, und der Wasserspiegel im Glas steigt. Während die Flamme brennt, wird das Gas im Glas erwärmt – es dehnt sich aus. Ein wenig Gas entweicht in Form von Bläschen, die unter der Öffnung des Glases hervordringen. (Ein genauer Blick bestätigt dies.) Wird die Flamme kleiner, weil ihr der Sauerstoff ausgeht, kühlt sich das verbliebene eingefangene Gas ab, sein Druck nimmt ab, und die Umgebungsatmosphäre drückt mehr Wasser

ins Glas. Schließlich ist kein Sauerstoff mehr vorhanden, und die Flamme erlischt.
Die meisten Menschen denken fälschlicherweise, dass die Verbrennung der Sauerstoffmoleküle zusammen mit der Verdunstung der Kohlenwasserstoffmoleküle des Kerzenwachses die Anzahl der Moleküle im Gas über der Flüssigkeit reduzieren würde. Aber dies ist nicht der Fall. Es werden nämlich mehr Moleküle als Verbrennungsprodukte produziert. Ein Blick auf die chemische Gleichung genügt. Bei dem Beispiel

$$2\ C_6H_{14} + 19\ O_2 \rightarrow 12\ CO_2 + 14\ HOH$$

produzieren 21 Ausgangsmoleküle 26 Produktmoleküle.

17. Der Kolben im Becherglas

Der eingeschlossene Raum über der Flüssigkeitsoberfläche enthält gesättigten Dampf. Wird der Kolben langsam angehoben, wird der Raum vom gesättigten Wasserdampf bei normalem Luftdruck gefüllt. Daher ändert sich der Wasserspiegel im Glas nicht.
Wird der Kolben dagegen rasch angehoben, ist der Dampfdruck im Glas geringer als der Luftdruck, weil sich der Wasserdampf nicht schnell genug bildet. Also steigt das Wasser bis zu einer Höhe, in der der Luftdruck gleich der Summe aus dem hydrostatischen Druck und dem Druck des gesättigten Wasserdampfes ist. Schließlich wird der Druck des Wasserdampfes das Wasser wieder nach unten drücken. Bei kochendem Wasser wird der Dampfdruck bei einem raschen wie bei einem langsamen Anheben des Kolbens konstant bleiben.

18. Milch im Kaffee

Experimente haben ergeben, dass unter den gleichen Bedingungen schwarzer Kaffee mit um etwa 20 Prozent höherer Geschwindigkeit abkühlt als weißer. Jeder Luftzug kann sich auf die Abkühlungsgeschwindigkeit enorm auswirken, weswegen Vergleichsexperimente bei ruhiger Luft durchgeführt werden müssen. Die Abkühlungszeit ist dann annähernd proportional zum Verhältnis des Volumens zur Gesamtoberfläche der Flüssigkeit, während andere Faktoren gleich sind. Newtons Gesetz der Abkühlung besagt, dass die Abkühlungsgeschwindigkeit proportional dem Temperaturunterschied zwischen der äußeren Oberfläche der Kaffeetasse und der Umgebungsluft ist. Daher sollte man die Milch möglichst spät in den Kaffee geben, wenn man eine schnelle Abkühlung wünscht.

19. Geheimnisvolle Energie

Die Hälfte der anfänglichen potenziellen Energie wurde von der inneren Reibung und der Reibung an den Wänden in Wärmeenergie umgewandelt. Ohne die Reibung würde die Flüssigkeit ewig zwischen den beiden Behältern hin und her schwappen.

20. Entfeuchten

Wenn warme Luft abgekühlt wird, bilden sich aus dem Wasserdampf winzige Wassertröpfchen. Bei niedrigerer Temperatur kommt es zu mehr langsamen Kollisionen zwischen Wassermolekülen, und darum verbinden sich immer mehr Moleküle zu Tröpfchen. Die kühle feuchte Luft ist nicht so angenehm wie kühle trockenere Luft, also muss sie entfeuchtet werden.

21. Abkühlung mit Hilfe des Kühlschranks

Anfangs wird die kühlere Luft im Kühlschrank die Raumluft tatsächlich ein bisschen abkühlen, und zwar abhängig von den relativen Volumina, der Mischung und dem Temperaturunterschied. Doch wenn der Kühlschrank wieder anspringt, wird von den Kühlspulen auf der Rückseite mehr Wärmeenergie in den Raum abgegeben, als von der vorn aus dem Kühlschrank dringenden kühlen Luft absorbiert werden kann – genau wie es der zweite Hauptsatz der Thermodynamik diktiert. In der Küche wird es also wärmer.

22. Luft und Wasser

Ruhige Luft und unbewegtes Wasser sind zwar beide schlechte Wärmeleiter, doch Wasser ist ein viel besserer Wärmeleiter als Luft. Die höhere Rate an Wärmeenergie, die aus Ihrem Körper ins Wasser des Swimmingpools »fließt«, bewirkt, dass sich das Wasser kälter anfühlt.

23. Wenn heißes und kaltes Wasser sich abkühlen

Unter bestimmten Umständen wird sich das heiße Wasser schneller abkühlen als das kalte Wasser und zuerst gefrieren!

Beachten Sie zunächst, dass die Eimer keine Deckel haben und dass Holz ein sehr schlechter Wärmeleiter ist. Die folgende Argumentation gilt nur bei der Verwendung von Holzeimern, aber nicht bei der Benutzung von Eimern, die gute Wärmeleiter sind.

Für die Abkühlung sorgt hauptsächlich die rasche Verdunstung von der Oberfläche des heißen Wassers. Dazu kommt, dass sich heißes und kühleres Wasser von oben nach unten stark mischen. Verdunstung plus Konvektion erzeugen eine rasche Übertragung von Wärmeenergie an die Umgebung, wenn die Ausgangstemperatur hoch genug ist. Bei diesen Holzeimern ist die Geschwindigkeit der Wärmeenergieübertragung um ein Vielfaches größer als die Geschwindigkeit der Übertragung durch Konvektion durch die Holzwände der Eimer. Außerdem könnten schon bis zu etwa 16 Prozent Wasser im Eimer mit dem ursprünglich heißen Wasser verdunstet sein, sodass viel weniger Wasser gefrieren muss. Der Masseverlust beim Abkühlen durch Verdunstung ist also erheblich.

Dieses paradoxe schnelle Abkühlen von heißem Wasser schilderte bereits Francis Bacon in seinem Werk *Novum Organum* (1620). In Gegenden mit langen Wintern, wie in Kanada und den skandinavischen Ländern, gehört dieses Wissen zum unverzichtbaren Erfahrungsschatz. So wird man dort zum Beispiel ein Auto nicht mit heißem Wasser waschen, weil heißes Wasser am Auto schneller gefriert als kaltes Wasser. Und eine Eisbahn sollte mit heißem Wasser geflutet werden, weil es rascher gefriert.

24. Schlittschuhlaufen an einem sehr kalten Tag

Der Koeffizient der Haftreibung fällt immer größer aus, wenn die Eisoberfläche kälter wird. Daher wird auch der maximale Wert der Haftreibung signifikant größer – das Gleiten wird sehr mühsam.

Anmerkung: Nahe 0 °C weist die Eisoberfläche stets einen sehr dünnen Wasserfilm auf, der wie ein Schmiermittel zwischen der Eisoberfläche und den Schlittschuhen wirkt. Tatsächlich haben alle einfachen Feststoffe eine dünne

Flüssigkeitsschicht auf ihrer Oberfläche, sogar weit unterhalb ihres Masseschmelzpunktes, weil sich die freie Energie der Oberfläche verringert, wenn sich eine dünne Oberflächenschicht im flüssigen Zustand befindet.
Beachten Sie außerdem: Es gibt keine experimentell bestätigte Antwort auf die Frage, ob der Druck der kleinen Kontaktfläche eines Eisläufers groß genug ist, etwas Eis an der Oberfläche schmelzen zu lassen. Man weiß allerdings, dass der Druck, der zum Schmelzen des Eises erforderlich wäre, bei niedrigen Temperaturen sehr hoch sein müsste – viel höher, als Sie selbst mit scharfen Schlittschuhkanten erzeugen könnten!

25. Singender Schnee

Bei Lufttemperaturen nahe 0 °C bewirkt ein ganz dünner Wasserfilm auf den Eiskristallen ein Gleiten zwischen ihnen, wenn der Schuh auf sie drückt. Bei viel niedrigeren Temperaturen gibt es keinen solchen Wasserfilm, sodass unter dem Druck der Schuhe die Reibung zwischen den Eiskristallen eine Kippschwingung bewirkt – das »Knirschen«.

26. Klebende Eiswürfel

Die Eiswürfel in einem Eimer haben über kleine Flächen miteinander Kontakt. Ursprünglich weist jeder Eiswürfel an seiner Oberfläche einen ganz dünnen Wasserfilm auf, aber an der Kontaktfläche existiert eine der Luft ausgesetzte Oberfläche nicht mehr. Also wird dem Wasser ein wenig Wärmeenergie entzogen, es gefriert, und die Eiswürfel kleben zusammen.

27. Heißes Eis

Ja. Unter einem Druck von 20000 Atmosphären schmilzt Eis bei 76 °C, und das ist heiß genug, um sich die Haut zu verbrennen!

28. Ein Teich im Winter

Fische und alle lebenden Organismen können dankbar dafür sein, dass Wasser sich von etwa 4 °C bis 0 °C ausdehnt. Andernfalls wäre sehr wahrscheinlich alles Leben während einer der Eiszeiten ausgestorben.

Und das ist die Erklärung: Zunächst weisen die Luft und das Wasser eine Temperatur von 6 °C auf. Nun sinkt die Temperatur der Luft über dem Wasser langsam ab. Bei 5 °C ist das 5 °C kalte Wasser an der Oberfläche dichter als das 6 °C kalte Wasser darunter, also kommt es zur Vermischung, wobei wärmeres Wasser zur Abkühlung an die Oberfläche gelangt und kühleres Wasser absinkt. Bei einer Lufttemperatur von 4 °C ist das Oberflächenwasser bei 4 °C noch immer dichter, sodass die Vermischung weitergeht und sich das Wasser in der Tiefe auf 4 °C abkühlt.

Aber bei einer Lufttemperatur von 3 °C ist das Oberflächenwasser weniger dicht, und daher bleibt dieses Wasser an der Oberfläche, und die Vermischung stoppt. Das bedeutet, dass die Temperatur des Wassers in der Tiefe nicht viel unter 4 °C sinkt, weil es sich nicht mehr effizient abkühlen kann. Eine weitere Abkühlung kann dann nur noch über Wärmeleitung erfolgen, und dieser Prozess ist im Vergleich zur Konvektion nicht sehr wirkungsvoll.

Außerdem hat Eis eine noch schlechtere Wärmeleitfähigkeit als Wasser, sodass das Eis als Wärmeisolator zwischen dem Wasser und der kalten Luft fungiert. Das Wasser unter dem Eis gefriert nicht, und das Leben kann weitergehen.

29. Licht aus?

Im Winter spart man keine Energie, wenn man nicht benötigte Glühbirnen abschaltet. Im Sommer führt jedes zusätzliche Licht dem Raum Wärmeenergie zu, die die Klimaanlage wieder entziehen muss, also sollte man die Lampen ausschalten.
Glühbirnen sind sehr effiziente Heizkörper, und selbst das ausgestrahlte Licht (etwa 10 Prozent der Energie) wird schließlich in Wärmeenergie umgewandelt, wenn es von den Wänden, den Möbeln und anderen Objekten absorbiert wird.
Im Winter muss die Wärmeenergie, die von der abgeschalteten Glühbirne nicht mehr geliefert wird, von der Heizung aufgebracht werden, die gewöhnlich nicht so effizient wie die Stromerzeugung und -übertragung ist. Allerdings kann es insofern etwas mehr Geld kosten, wenn man die Glühbirne nicht abschaltet, weil es oft teurer ist, ein Gebäude mit Strom zu beheizen. Außerdem kostet es Geld, wenn man Glühbirnen ersetzen muss.

30. Der metallene Teekessel

Nein, insofern der Metallgriff aus Edelstahl oder aus einem anderen Material besteht, das Wärmeenergie schlecht leitet. Manche Arten von Edelstahl sind extrem schlechte Wärmeleiter.

31. Gefrorene Wäsche

Das Eis »sublimiert« – es geht direkt vom festen in den gasförmigen Zustand über, ohne flüssig zu werden.

32. Speiseeis in Milch

Zunge und Mundwände spüren die Übertragungsgeschwindigkeit der Wärmeenergie vom lebenden Gewebe zur Speiseeismischung. Weil das Speiseeis überwiegend aus zermahlenen Eiskristallen besteht, wird das Hinzufügen von Milch die Kontaktfläche immens vergrößern, und Sie werden zu spüren bekommen, dass mehr Wärmeenergie pro Sekunde übertragen wird. Die Kombination wird sich also kälter anfühlen. Außerdem ist die Flüssigkeit ein viel besserer Wärmeleiter als die Eiskristalle, die Luft eingeschlossen haben (das heißt, die Luft ruht, es gibt daher keine Konvektionsströmungen), sodass sich die Kombination ebenfalls kälter anfühlt. Beide Effekte tragen zum Kältegefühl bei.

33. Im Winter eine Mütze tragen

Bis zu 30 Prozent Körperwärme können über den Kopf verloren gehen. Durch eine Mütze ließe sich diese Abkühlung sehr effektiv reduzieren. Übrigens hielt schon Aristoteles den Kopf für das große Kühlmedium des Körpers.

34. Im Freien geparktes Auto

In einer klaren Nacht »sieht« das Autodach den Nachthimmel des Universums, der eine Temperatur von etwa 285 K hat, sodass das Dach eine gewaltige Menge Energie pro Sekunde abstrahlt und somit abkühlt. Feuchtigkeit in der

Luft kondensiert auf dem kühlen Dach, weswegen das Autodach dann am Morgen feucht ist.
In einer wolkenverhangenen Nacht kann das Dach den Nachthimmel nicht »sehen«. Stattdessen »sieht« es die Wolken, die wärmer als 0 °C (etwa 300 K) sind. Also behält das Dach etwa die gleiche Temperatur wie die Umgebungsluft, und es bildet sich keine Feuchtigkeit.

35. Zwei lackierte Kanister mit heißem Wasser

Wenn alle Faktoren identisch sind außer der Farbe, dann sollten sich beide Kanister mit der gleichen Geschwindigkeit abkühlen. Nur weil ein Kanister im sichtbaren Teil des elektromagnetischen Spektrums schwarz und der andere weiß ist, bedeutet das nicht, dass sie sich im Infrarotspektrum (IR) unterscheiden. Die Abkühlungsgeschwindigkeit durch Abstrahlung hängt aber von ihren IR-Eigenschaften und nicht von ihren Eigenschaften im Spektrum des sichtbaren Lichts ab.

36. Sonnenschein

Die Temperatur der Umgebungsluft im Bereich der ersten Meter über dem Boden hängt von mindestens zwei Faktoren ab: der Bodentemperatur und der eingestrahlten Sonnenenergie. Im Winter ist der Boden bereits kühl, sodass wärmere Luftströmungen in Bodennähe kühler werden, und außerdem erreicht das Sonnenlicht die Bodenoberfläche im Winter in einem flacheren Winkel als im Sommer, sodass pro Fläche weniger Energie den Boden erwärmt. Anmerkung: Im Gegensatz zur intuitiven Anschauung erwärmt das Sonnenlicht die Luft nur ganz wenig durch direkte Absorption.

37. Der Kamin des Physikers

Ja. Statt das Feuer zwischen den Holzscheiten brennen zu lassen, sollte man die Scheite so stapeln, dass man vom Zimmer aus den heißesten Glühbereich sehen kann. Deshalb entfernt man üblicherweise das vordere Scheit, um eine Öffnung zu lassen, während die oberen Scheite von anderen Scheiten gestützt werden. Dann wird viel mehr Infrarotstrahlung abgegeben, die das Zimmer erwärmt.

38. Die Strahlung schwarzer Körper

Die Mikrowellenhintergrundstrahlung im Universum entspricht einer Temperatur von 2,7 K und weist keine Absorptionslinien auf. Die Strahlung aus einem Backofen wird durch die Absorptionslinien der Atome im Material des Ofens verzerrt.

*39. Die Einzigartigkeit von Wasser

Wasser dehnt sich bei den letzten paar Graden über seiner Gefriertemperatur aus, wenn es sich abkühlt. Übrigens dehnt sich Wasser um etwa 11 Prozent aus, wenn es bei 0 °C vom flüssigen Zustand in Eis übergeht – das genügt, um die meisten Gefäße platzen zu lassen, selbst Wasserrohre aus Eisen können diesem Druck nicht standhalten.

*40. Heiß und kalt blasen

Das Einblasen unter Druck erzeugt in dem runden Rohr eine Wirbelbewegung der Luft. Diese Wirbel werden durch die nachströmende Luft in das verengte Rohr gedrückt und beschleunigt. Die schnellsten Teilchen laufen aufgrund der

Fliehkraft auf den äußersten Bahnen (heiße Luft). In der Achse sammeln sich die langsamen Teilchen (kalte Luft) und strömen, durch den Überdruck am heißen Ende angetrieben, entgegen der Wirbelstromrichtung axial zurück. Durch eine Blende wird der kalte Luftstrom ausgeschnitten und tritt am kalten Ende aus. Der axiale Bereich ist, ähnlich dem Auge eines Taifuns, frei von starker radialer Luftbewegung. Auf dem Weg durch den Wirbel findet zwischen der kühlen, axialen Luft und der warmen, radial bewegten Luft ein, nicht völlig verstandener, Energieaustausch statt, der die Temperaturunterschiede noch erhöht.

Der verschwindende Elefant

41. Eckspiegel

Ihr Bild in der Ecke weist keinerlei Veränderung der räumlichen Zuordnung der Hände bei den senkrecht zueinander stehenden Eckspiegeln auf, im Gegensatz zu den verkehrten Bildern, die in jedem einzelnen ebenen Spiegel zu sehen sind. Dies ist eine Folge davon, dass das Bild sowohl eine Vertauschung von links und rechts wie von vorn und hinten erfährt.

42. Der verschwindende Elefant

Tatsächlich bleibt der Elefant im Käfig. Wenn er verschwinden soll, werden rasch zwei große Spiegel hereingeschoben, und dann erblickt das Publikum die Seitenwände der Bühne. Diese sind so gestaltet, dass das von ihnen reflektierte Licht mit dem Hintergrund der Bühne übereinstimmt. Die beiden großen ebenen Spiegel stehen im rechten Winkel zueinander, wobei die Kontaktlinie nach vorn zum Publikum hin zeigt. Die kurze Bewegung der Spiegel wird mit Hilfe eines Stroboskoplichts vertuscht. Dann wird der Elefant rasch durch eine Tür hinausgeführt, ohne dass das Publikum es bemerkt.

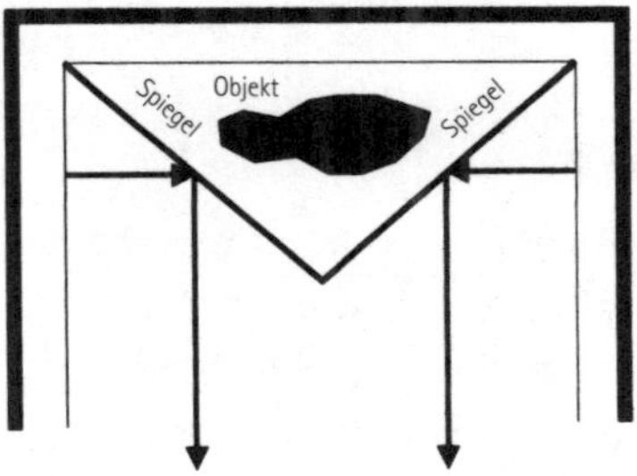

43. Schwebendes Bild

Das reale Bild wird von zwei Reflexionen erzeugt, und zwar von jeweils einer Reflexion von der Innenfläche jedes der beiden konkaven Spiegel. Ein aufrechtes Objekt auf dem Boden des unteren Spiegels erscheint als ein aufrechtes reales Bild, wie man sich durch einen Blick auf das Bild und das Zurückverfolgen der Strahlen überzeugen kann.

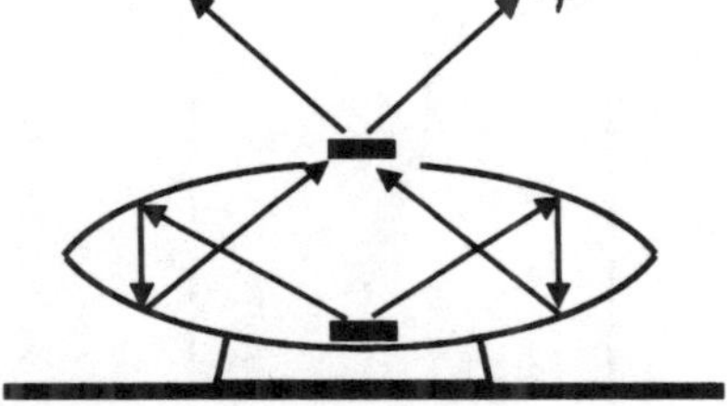

44. Kann man ein Spiegelbild beleuchten?

Das reale Bild wird genau in dem Bereich beleuchtet, auf den der Lichtstrahl gerichtet wird. Man kann die Lichtstrahlen der Taschenlampe verfolgen, wie sie das reale Bild durchdringen und auf das reale Objekt auf dem unteren Spiegel treffen. Daher wird das Originalobjekt von der Taschenlampe beleuchtet und somit auch das reale Bild.

45. Lasersender

Sie sollten mit dem Laser direkt entlang der Sichtlinie auf die Raumstation zielen. Zwar würden rote oder blaue Laser an etwas unterschiedlichen Stellen der Raumstation auftreffen, aber der Unterschied wäre im Vergleich zum Strahldurchmesser und der Empfängergröße unwesentlich.

46. Der gebeugte Stab

Dies ist nur scheinbar ein Widerspruch. Das Auge des Betrachters empfängt reflektiertes Licht vom unteren Stabende B. Aber der Lichtstrahl von B ändert die Richtung an der Schnittstelle C von Wasser und Luft, sodass er dem Weg BCD bis zum Auge folgt. Für den Betrachter scheint

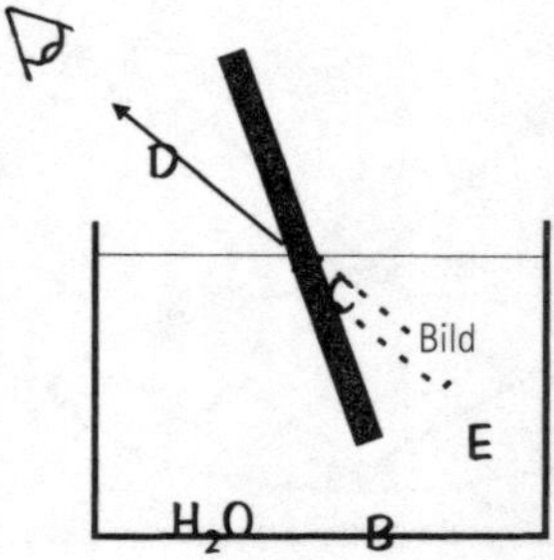

das Licht direkt hinter C oder von einem Punkt um E herzukommen. Beachten Sie, dass Punkt E höher als B ist, daher scheint der Stab nach oben gebeugt zu sein.

47. Das Nadelöhr

Ja. Aufgrund der Geometrie vergleichbarer Dreiecke ist das Verhältnis des Durchmessers der Sonne zum Durchmesser des Sonnenbilds gleich dem Verhältnis der Entfernung zur Sonne geteilt durch die Entfernung des Bildes vom Nadelöhr. Da man die anderen drei Größen kennt, lässt sich der Durchmesser der Sonne berechnen.

48. Das dunkle Fenster

Das offene Fenster erscheint tagsüber schwarz oder sehr dunkel, weil das Licht größtenteils in die Öffnung eintritt und nicht aus ihr austritt. Das gleiche Verhalten erklärt, warum die Pupille Ihres Auges schwarz ist. Ja, sogar das schwarze Druckbild auf dieser Seite absorbiert größtenteils das auftreffende Licht. Dass Sie diese Wörter lesen können, beruht tatsächlich auf der Reflexion des Lichts vom weißen Papier, das die schwarzen Buchstaben umgibt!

49. Fensterfolie

Nein, die Fensterfolie ist auch im Winter nützlich. Die Folie lässt auch weniger Infrarotstrahlung nach außen dringen. Somit bleibt im Winter mehr Wärme im Zimmer.

50. Der Regenbogen

Die Natur löst das Problem auf zweierlei Weise. Zum einen sind die Regentropfen nicht genau kugelförmig, sodass nicht an jeder Streuungsschnittstelle von Luft und Wasser die identischen geometrischen Bedingungen herrschen. Zum andern dringt immer etwas Licht durch die Schnittstelle, selbst bei einer inneren Totalreflexion.

51. Ein optisches Rätsel

Das Bild kippt und steht richtig herum – das heißt, die 90-Grad-Drehung des Spiegels ergibt eine 180-Grad-Drehung des Bildes. Eine Zeichnung, die die Richtung der Strahlen verfolgt, würde zeigen, warum dieses Verhalten zu erwarten ist.

52. Der Rückspiegel

Der Rückspiegel ist keilförmig und hat eine verspiegelte Rückseite. Der Keilwinkel beträgt zwischen drei und fünf Grad. Tagsüber erblickt man die Reflexion von der hinteren Spiegelfläche. Nachts sieht man, nachdem der Spiegel gekippt wurde, die schwächere Reflexion von der unverspiegelten Vorderseite. Die verspiegelte Rückseite reflektiert zwar noch immer, aber dieses reflektierte Licht gelangt nicht in die Augen.

53. Farben

Falsch. Die meiste Zeit sieht die Bluse grün aus, weil die Kombination von Farben, die selektiv zu unseren Augen gestreut werden, einen Grünton ergibt. Überraschenderweise gelangt gewöhnlich kein grünes Licht des Spektrums in unsere Augen. Unser Auge-Hirn-System täuscht uns zwar wiederholt bei der Betrachtung von Farben, aber ein Spektrometer wird die wahren Farben – die tatsächlichen Wellenlängen des Lichts – anzeigen, die von der Bluse gestreut werden.

54. Primärfarben

Wahr und falsch. Rot, Grün und Blau sind nicht die einzigen Primärfarben des Lichts. Drei beliebige Farben von Licht können als Primärfarben dienen, solange sie orthogonal sind – das heißt, die dritte Farbe darf nicht aus einer Kombination der anderen beiden Farben bestehen.
Oft wird noch eine zweite Bedingung gestellt: Das Trio der Primärfarben muss die größtmögliche Bandbreite oder Vielfalt an Farben erzeugen. Diese Bedingung ist allerdings etwas subjektiv, weil jeder Mensch ein wenig anders auf Licht reagiert. Folglich wird niemand drei ganz bestimmte Lichtwellenlängen als bestes Primärfarbentrio benennen.

55. Funkelnde Diamanten

Sie erblicken elliptische Flecken von farbigem Licht mit einem Regenbogen von Farben. Diese Farben treten in Erscheinung, weil sich die Blautöne an jeder der vier Schnittstellen auf dem Strahlenweg ein wenig mehr von den Rottönen trennen. Die Brechzahl ändert sich geringfügig, je nach der Wellenlänge des sichtbaren Spektrums.

56. Wiedervereintes weißes Licht

Am besten funktioniert das mit einer Sammellinse, wenn sie dicht neben dem Prisma, das das Lichtspektrum trennt, angebracht wird. Dann kann man ein ebenes Blatt Papier so lange bis zum erforderlichen Abstand bewegen, bis man sieht, wie das weiße Licht aus den farbigen Lichtstrahlen wiedervereint wird.

57. Prismen

Nein. Mit einem zweiten Prisma lässt sich das vom ersten Prisma erzeugte Spektrum nicht wieder zum ursprünglichen dünnen Strahl weißen Lichts vereinen. Dieser verbreitete Trugschluss taucht noch immer in vielen Texten auf. Erfahrungsgemäß erhält man parallele Farbstrahlen, die in einem breiten farbigen Strahl und nicht in einem einzigen dünnen Strahl weißen Lichts austreten. Erst mit vier identischen Prismen lassen sich die Strahlen zu weißem Licht wiedervereinen.

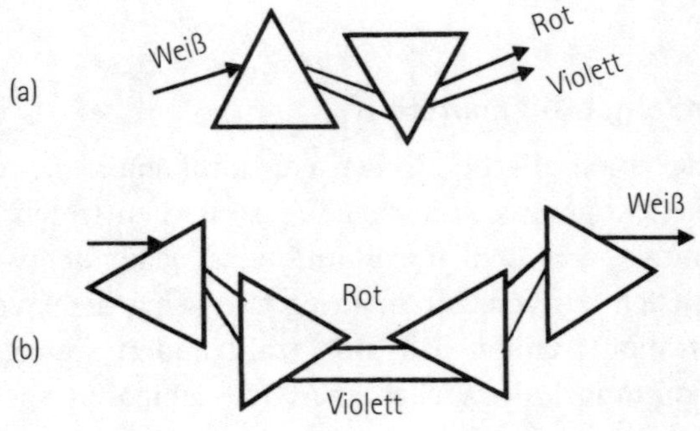

58. Zusammenkneifen

Das Zusammenkneifen der Augen hilft, weil das Auge wie eine Lochkamera eine bessere Tiefenschärfe bekommt – das heißt, das Bild wird über einen großen Bereich scharf sein. Darum verbessert das Zusammenkneifen das Sehvermögen sowohl bei Kurzsichtigkeit wie bei Weitsichtigkeit. Im Prinzip werden bei Kurzsichtigkeit die ins Auge eintretenden Strahlen, die weiter von der zentralen Sehachse entfernt sind, nicht auf der Netzhaut fokussiert, sodass ein Blockieren dieser Strahlen das Bild verbessern wird.

Eine Lochbrille ist allerdings keine sehr gute Lösung, weil das Gesichtsfeld sehr schmal ist. Das kleine Loch ist vom Augapfel entfernt, und damit wird die Lichtstärke drastisch reduziert.

Man kann eine Kurzsichtigkeit jedoch mit Hilfe von hellerem Licht verbessern. Dessen Stärke bewirkt, dass die Pupille ihren Durchmesser verringert, um die Strahlen zu blockieren, die weit von der Sehachse entfernt sind.

59. Polarisierte Sonnenbrillengläser

Durch das linke Brillenglas würden Objekte normal erscheinen, während horizontale Oberflächen weniger blenden. Aber durch das schiefe rechte Brillenglas würden viele ferne Objekte extrem nahe und ein wenig verschwommen aussehen. Das Gehirn interpretiert nämlich die fernen Objekte als sehr nahe zum Beobachter, weil die Objekte so hell sind!

Übrigens sind bei polarisierten Stereoskopbrillen für Filme oder Dias die Polarisationsrichtungen der Gläser senkrecht zueinander, oft in einem Winkel von ± 45 Grad. Andere

Brillentypen haben »Verschlüsse«, die das Licht von der Filmleinwand jeweils zur richtigen Zeit zum einen oder zum anderen Auge durchlassen.

60. Die Sehschärfe

Das menschliche Auge hat drei Arten von Zapfensensoren für sichtbares Licht: rot, grün und blau. Wenn die Flächendichte von blauen Zapfen gleich der oder geringer als die der grünen Zapfen ist, dann hängt die Winkelauflösung von dieser Flächendichte statt vom Kriterium der Wellenlänge ab. Das menschliche Auge hat keine genügend große Flächendichte von blauen Zapfen.
Die Sehschärfe hängt auch von der Lichtstärke ab, weil die Pupille ihren Durchmesser bei hellerem Licht verringert und damit die Strahlen eliminiert, die weiter von der Sehachse entfernt eindringen.

61. Laserspeckle

Das granulatartige Muster, das man im reflektierten Laserlicht erblickt, nennt man »Speckle«. Dieser Effekt entsteht durch Interferenz zwischen verschiedenen Strahlen von Laserlicht, die zu Ihrem Auge hin gestreut werden und unterschiedliche Entfernungen zurücklegen. Wenn Sie den Kopf bewegen und sehen, wie sich das Specklemuster in die entgegengesetzte Richtung bewegt, sind Sie kurzsichtig. Sie fokussieren Ihre Augen vor der realen Oberfläche, die sich dann entgegengesetzt zu Ihrer Kopfbewegung zu bewegen scheint. Weitsichtige Menschen sehen, wie sich der Fleck in der gleichen Richtung wie der Kopf bewegt.

62. Das Rotfilter

Sie sehen das rote R nicht, weil das weiße Papier etwa genauso viel rotes Licht pro Flächeneinheit reflektiert wie das rote Buntstift-R, und dieses rote Licht passiert das Rotfilter. Dagegen sehen Sie einen »Schatten« des blauen B, weil der blaue Stift sehr wenig Rotlicht reflektiert und Sie diesen dunklen Kontrast zur Rotlichtintensität vom weißen Papier erblicken.

63. Rote und blaue Bilder

Nein. Die roten und blauen Bilder desselben Objekts sind unterschiedlich groß, weil das blaue Licht durch das Auge in einem etwas größeren Winkel gebrochen wird. Wenn das blaue Bild direkt auf der Netzhaut scharf ist, wäre das rote Bild ein wenig hinter der Netzhaut scharf, also wirkt das rote Bild ein wenig größer und vielleicht ein wenig verschwommen.

64. Farben im Umgebungslicht

In den meisten Fällen wirken die Farben Ihrer Kleidung gleich, ob sie nun im Zimmer bei künstlichem Licht oder draußen im Sonnenlicht betrachtet werden – obwohl das Umgebungslicht sehr verschieden ist! Das Auge-Hirn-System scheint die Umgebungslichtunterschiede abzuziehen, sodass die Farben nahezu gleich erscheinen. Man ist noch immer dabei, den physiologischen Mechanismus zu untersuchen, der diesen Effekt erzielt.

65. Um die Ecke sehen?

Die Bilderzeugung ist fürs Sehen unabdingbar, aber nicht fürs Hören. Das Ohr ist klein im Vergleich zur Schallwellenlänge. Daher beruht das Hören auf der zeitlichen Schwankung und nicht auf der Form der Wellenfronten.

Das Sehen ist komplexer, weil es Bilderzeugung voraussetzt. Bilder beruhen auch auf den Phasenbeziehungen von benachbarten Lichtstrahlen. Lichtstrahlen, die um eine Ecke gebeugt oder gestreut werden, verlieren ihre ursprünglichen Phasenbeziehungen. Während sie um die Ecke gebeugt werden, ändern die Lichtstrahlen ihre relativen Richtungen und Phasen. Ein ebener Spiegel hingegen, der so platziert wird, dass er das Licht um die Ecke reflektiert, bewahrt sowohl die parallelen Strahlenrichtungen wie die richtigen Phasen.

66. Der stereoskopische Effekt

Der stereoskopische Effekt tritt auf, weil jedes Auge ein etwas anderes Reflexionsmuster des Lichts sieht. Die Geometrie unseres räumlichen Sehens zeigt nur, wo im Raum jedes Bild erscheinen sollte. Das Gleiche gilt für die Fräsabdrücke auf einem Aluminiumblech, die großenteils über dem konkreten Metall zu schweben scheinen. Derartige Effekte können ziemlich verblüffend sein. Ein Stereogramm aus zwei Bildern der gleichen Szene, die aus zwei etwas unterschiedlichen Winkeln aufgenommen werden, erzeugt 3-D-Bilder, wenn man es richtig betrachtet, und dieser Effekt ist mit dem Sehen der glitzernden Kristalle verwandt.

67. Die Augenfarbe

Die Farbe der Augen reicht von Hellblau bis Dunkelbraun, kann aber selbst bei einer Person von Auge zu Auge, ja sogar innerhalb derselben Iris variieren. Sie hängt allein von der Konzentration identischer Pigmentzellen ab, der so genannten Melanozyten – alle enthalten das gleiche Pigment, das Melanin, und zwar unabhängig von der Augenfarbe!

Das Licht wird von der Iris reflektiert. Je höher die Konzentration der Melanozyten dort ist, desto größer ist die Lichtundurchlässigkeit und umso dunkler die Farbe. Blaue und grüne Augenfarben deuten auf eine spärliche Verteilung der Melanozyten hin. Bei braunen Augen müssen sich Melanozyten auch an der Vorderseite der Iris befinden. Neugeborene haben noch keine Melanozyten an der Vorderseite der Iris, aber nach ein paar Monaten wandern einige Melanozyten dorthin.

Albinos fehlt jegliches Pigment. Ihre rosafarbenen Augen sind darauf zurückzuführen, dass Licht von den Blutgefäßen in der Netzhaut reflektiert wird.

68. Metallkleidung

Die Wärmeenergie aus einer rotglühenden Metallplatte wird abgestrahlt in Form von Infrarotstrahlung (IR), also einer elektromagnetischen Energie, deren Wellenlänge knapp unter dem roten Bereich des sichtbaren Spektrums liegt. Metalle sind ausgezeichnete Reflektoren von elektromagnetischer Strahlung, und daher bietet ein Metallüberzug einen effektiven Schutz gegen die von der heißen Platte abgegebene Strahlung.

Die Wärmefoliendecke in Erste-Hilfe-Ausrüstungen nutzt das hohe Infrarotreflexionsvermögen einer dünnen Metallfolie und reflektiert IR auf den menschlichen Körper. Wird die metallbeschichtete Plastikdecke um einen Menschen gewickelt, hält sie die dünne Luftschicht zwischen dem Körper und der Decke selbst bei eiskalten Umgebungstemperaturen wohlig warm.

*69. Der Himmel müsste eigentlich violett sein

Der Himmel wäre violett statt blau, wenn die Rayleigh-Streuung der einzige wichtige Faktor für die Farbe des Himmels wäre. Aber das Sonnenlicht, das die Atmosphäre erreicht, hat nicht für alle Farben die gleiche Intensität. Vielmehr besitzt es eine Spitzenintensität in den Grüntönen, entsprechend der Temperatur von 6000 K an der Oberfläche der Sonne. Daher ist die Gesamtintensität von violettem Licht im Sonnenspektrum geringer als die Gesamtintensität von blauem Licht, und Letzteres dominiert die Rayleigh-Streuung am Himmel.

Es gibt noch einen zusätzlichen Effekt: Unsere Augen sind für Violetttöne weniger empfindlich als für Blautöne, und daher wird die gerade erläuterte Dominanz durch unsere physiologische Reaktion noch verstärkt.

*70. Crookes Radiometer I

Crookes Radiometer wurde erstmals 1874 erforscht und sorgt seither für Diskussionen. Noch verblüffender an diesem Apparat ist die Tatsache, dass man praktisch fast die gesamte Flügelfläche bis auf einen drahtartigen Rahmen entfernen kann – und die Lichtmühle funktioniert genauso gut wie vorher! Experimente in den Zwanzigerjahren des

vorigen Jahrhunderts haben bewiesen, dass die Radiometerkraft an den Kanten der Flügel auftritt.
Herrscht im Inneren des Glaskolbens ein sehr gutes Vakuum, dreht sich der Flügel mit der versilberten Seite von der Lichtquelle weg, wie dies zu erwarten ist. Aber die meisten Radiometer enthalten Luft bei niedrigem Druck von etwa 0,1 mm *Hg*, und daher müssen die Luftmoleküle eine Rolle dabei spielen, dass sich beim Radiometer die Flügel mit der geschwärzten Seite von der Lichtquelle wegdrehen. Wir brauchen nur die Effekte an den Kanten des Flügels zu betrachten, denn die auf die Oberfläche beider Seiten einwirkenden Kräfte heben einander auf. Die geschwärzte Seite an der Kante wird etwas wärmer als die versilberte Seite sein. Betrachten wir ein Luftmolekül, das sich der geschwärzten Kante innerhalb der mittleren freien Weglänge, etwa 0,6 mm, nähert. Dieses Molekül wird mit einem Molekül, das von der Flügelkante abprallt, ebenso wie mit Molekülen kollidieren, die die Flügelkante von der kühleren Seite her passieren. Aber Letztere sind weniger energiereich, und ihre Fähigkeit, das eintreffende Luftmolekül abzuwehren, ist weniger effizient. Daher wird die geschwärzte Kante mehr Kollisionen je Flächeneinheit pro Sekunde erfahren als die versilberte Kante. Dieser Überschuss ist verantwortlich dafür, dass die Flügel in der umgekehrten Richtung angetrieben werden, die der Kraft aus den Impulsaustauscheffekten der Photonen entgegengesetzt ist.

*71. Crookes Radiometer II

Man kann bewirken, dass sich die Flügel rückwärts drehen, indem man das Radiometer in einem Kühlschrank kühlt oder es zunächst auf eine Temperatur über der Zimmertemperatur erwärmt und dann abkühlen lässt. Beide Verfahren müssen dafür sorgen, dass die geschwärzte Seite etwas kühler als die versilberte Seite wird, ein Zustand, der dem normalen Betrieb bei Zimmertemperatur entgegengesetzt ist. (Für weitere Einzelheiten siehe das vorherige Problem.)

*72. Frakto-Emission von Licht

Bei dem Klebeband, das vom Glas abgezogen wird, existieren elektrisch geladene Teilchen entlang der Trennungslinie zwischen Klebeband und Glas. Wenn die winzige Lücke erstmals entsteht, reicht die Spannungsdifferenz pro Zentimeter in der Lücke aus, um die Luft zusammenfallen zu lassen, und ein Funke springt über die Lücke. Ein ähnlicher Effekt tritt auf, wenn bestimmte Arten von Zuckerplättchen zerbrochen werden.

*73. Vollkommene Spiegelreflexion

Abwechselnde Schichten von metallischen und dielektrischen Materialien können einen Spiegel ergeben, der in der Lage ist, fast das gesamte einfallende Licht in jedem Winkel und bei jeder Wellenlänge zu reflektieren! Ein solcher perfekter Spiegel, der die besten Eigenschaften von metallischen und dielektrischen Spiegeln kombiniert, wurde erstmals 1998 gebaut.

Luft und Wasser

74. Wie viel wiegt Luft?

Etwa 1 Kilogramm pro Kubikmeter (1000 Liter) – also Antwort (f). Nur ganz wenige Menschen tippen auf einen Wert, der höher als 60 Gramm ist! Den Wert von etwa 1 Kilogramm kann man ziemlich genau schätzen, wenn man weiß, dass 22,4 Liter Luft eine Masse von etwa 28 Gramm haben.

75. Feuchte Luft

Die feuchte Luft wiegt weniger, weil Wassermoleküle mit dem Molekulargewicht 18 schwerere Moleküle wie zum Beispiel Stickstoff (Molekulargewicht 28) und Sauerstoff (Molekulargewicht 32) ersetzt haben. Beide Volumina haben die gleiche Anzahl von Molekülen. Daher fällt bei Feuchtigkeitszunahme das Barometer. Das ist auch ein Grund dafür, dass der Barometerdruckwert sinkt, wenn sich ein Gewitter nähert.

76. Ein Kilo Federn

Das Kilo Federn wiegt mehr. Die größere Auftriebskraft der Luft, die auf das größere Volumen eines Kilos Federn einwirkt (wenn die Waage sie in Luft wiegt), muss durch mehr als ein Kilo Federn (gewogen in einem Vakuum) ausgeglichen werden, damit die Waage ein Kilo anzeigt. Puh!

77. Bei Windstille segeln

Setzen Sie das Segel, und der Wind, der durch die Bewegung des Schiffes mit der Strömung erzeugt wird, schiebt das Boot vorwärts. Sie können allerdings nicht direkt gegen den Wind segeln, sondern müssen in einem Zickzackkurs fahren, wie dies Segelboote normalerweise sowieso tun.

78. Der unmögliche Traum

Ja, unter ganz speziellen Bedingungen. Die vom Ventilator vorwärts getriebenen Luftmoleküle müssen das Segel erreichen und von ihm mit einer gewissen Rückwärtskomponente zu ihrer Geschwindigkeit abprallen. Das Standardargument beruft sich auf die Impulserhaltung. Offenkundig bilden das Boot mit dem Ventilator plus der Luft zwischen Ventilator und Segel kein geschlossenes System. Ein einzelnes Luftmolekül in Ruhe vor dem Ventilator (oder ein unbewegliches Luftvolumen mit der Durchschnittsgeschwindigkeit null) kann vom Ventilatorflügel getroffen und mit dem Vektorimpuls p vorwärts getrieben werden. Der Ventilatorflügel – und das mit dem Ventilator verbundene Boot – erhalten den gleichen Impuls $-p$ in der entgegengesetzten Richtung. An der Obergrenze der Impulsübertragung wird das Molekül eine elastische Kollision mit dem Segel erfahren und mit dem Impuls $-p$ zurückprallen. Die Impulsveränderung des Moleküls beträgt somit $-2p$, also empfängt das Segel – und damit das Boot – einen Impuls von $+2p$ in der Vorwärtsrichtung. Addiert man die beiden Impulsveränderungen, die dem Boot vermittelt werden, beträgt die gesamte Impulsveränderung $-p + 2p = +p$, es ergibt sich also eine Nettozunahme in der Vorwärtsrichtung.

Anmerkung: Im Grenzfall, dass das Molekül am Segel kleben bleibt, ist der Nettoimpuls für das Boot gleich null.

79. Hubkraft eines Heliumballons

Nein. Der mit Helium gefüllte Ballon hat viel mehr Hubkraft, als man es erwarten würde. Nach dem zweiten Newton'schen Axiom lässt sich die resultierende Kraft in vertikaler Richtung berechnen, indem man von der Auftriebskraft das abwärts wirkende Gewicht abzieht. Die Auftriebskraft ist gleich dem Gewicht des verdrängten Luftvolumens, während das Gesamtgewicht das Gewicht des Gases im Ballon plus dem Gewicht der Ballonhaut plus dem Gewicht der Last ist.
Die Hubfähigkeit (Auftriebskraft) ist gleich dem Gewicht der Luft minus dem Gewicht des Gases im Ballon, und diese Größe ist im Unterschied zum Molekulargewicht proportional. Das durchschnittliche Molekulargewicht von Luft beträgt 28,97, was bei Helium einen Unterschied von 24,97 und bei Wasserstoff von 26,97 ergibt. Die relative Hubfähigkeit von Helium ergibt sich aus dem Verhältnis von 24,97/26,97 = 0,926. Das heißt, die Hubkraft von Helium entspricht 92,6 Prozent der Hubkraft von Wasserstoff.

80. Der umgekehrte kartesische Taucher

Die entscheidende Voraussetzung: Die Flasche darf keinen kreisförmigen Querschnitt haben. Der Grund für das unterschiedliche Verhalten von ›kartesischen Tauchern‹ in Flaschen mit kreisförmigem und mit nicht kreisförmigem

Querschnitt kommt daher, dass der Kreis diejenige geometrische Figur ist, die bei gegebenem Umfang die größte Fläche umschließt. Wenn man eine Flasche mit kreisförmigem Querschnitt drückt, wird das Volumen kleiner (der Umfang der Flasche bleibt ja gleich) und damit steigt der Druck in der Flasche. Bei einem elliptischen Querschnitt kann man die Flasche so drücken, dass der Querschnitt sich mehr einem Kreis annähert. Damit wird das Volumen größer und der Druck sinkt.

81. Ein Korken in einem fallenden Eimer

Solange der freie Fall dauert, sind Eimer, Wasser und Korken schwerelos. In der Schwerelosigkeit verschwindet das Gewicht des Wassers und damit auch das Gewicht des verdrängten Wassers. Somit gibt's auch keine Auftriebskraft – der Korken bleibt auf dem Boden.

82. Nicht mischbare Flüssigkeiten

Nachdem sich die Flüssigkeiten getrennt haben, ist das mittlere Gewicht der Flüssigkeitssäule geringer, und daher ist der Druck am Boden niedriger. Schließlich sei noch darauf hingewiesen, dass außerdem die geneigten Wände der Flasche weniger nach unten drücken.

83. Die hydrometrische Waage

Überraschenderweise behält die Röhre ihre Gleichgewichtsposition in der Flüssigkeit, und alle vertikalen Schwingungen der Plattform haben keinerlei Auswirkung auf diese Position! Wenn die Plattform nach oben beschleunigt wird, gleicht die zusätzliche Auftriebskraft der Flüssigkeit die zusätzliche Abwärtskraft, die aus der Beschleunigung resultiert, vollständig aus. Das Gleiche gilt für jede Abwärtsbeschleunigung.

84. Ein Kind mit einem Luftballon in einem Auto

Die Luft im Auto neigt dazu, ihre geradlinige Bewegung kurzzeitig beizubehalten, sodass der Luftdruck im Auto am äußeren Ende des Kurvenradius ein wenig höher sein wird. Der Ballon wird dann nach rechts gedrückt – zur Innenseite der Kurve.

85. Der Speichersee hinter dem Staudamm

Nein. Es zählt allein die Tiefe des Wassers unmittelbar hinter dem Betondamm, weil der Wasserdruck von der Wassertiefe h und der Dichte ρ abhängt. Der Gesamtdruck P in der Wassertiefe h berechnet sich aus $P = P_0 + \rho gh$, wobei P_0 der Luftdruck ist. Die Gesamtmenge des Wassers im Speichersee hinter dem Damm spielt genauso wenig eine Rolle wie die Menge des Wassers im Fluss oberhalb des Damms. Ein dünner 10 Meter hoher Wasserfilm, der Kontakt mit dem Damm hat, erfordert also die gleiche Dammstärke wie ein 10 Meter tiefer See.

86. Finger im Wasser

Ja. Die Schale mit dem Eimer wird nach unten gehen. Das Wasser übt eine Auftriebskraft auf Ihren Finger aus, und nach dem dritten Newton'schen Axiom übt der Finger eine gleich große und entgegengesetzt gerichtete Kraft auf das Wasser aus. Sie wird auf den Boden des Eimers und die Waagschale übertragen und bewirkt, dass die Schale sinkt.

87. Der schwimmende Felsbrocken

Die Wasserhöhe ändert sich nicht. Bei beiden Versuchsanordnungen wird das gleiche Wasservolumen verdrängt.

88. Archimedes im Fahrstuhl

Nein. Nehmen wir zunächst einmal an, dass wir die Effekte der Oberflächenspannung ignorieren können. Dann müssen wir beachten, dass die beiden vertikalen Kräfte – die nach oben gerichtete Auftriebskraft und das nach unten drückende Gewicht des Klotzes – direkt proportional zur Schwerkraft sind. Wenn die vertikale Beschleunigung a verringert wird ($g - a$), werden das Gewicht und die Auftriebskraft in gleichem Maße verringert, sodass der Klotz seine Position im Wasser beibehält.

89. Ein Kanister mit drei Löchern

Die Lösung, die die Zeichnung zeigt, ist falsch. Die weiteste horizontale Strecke würde der Wasserstrom aus dem mittleren Loch zurücklegen, die anderen beiden Ströme würden die gleiche Strecke zurücklegen.
Die horizontale Strecke, die von einem Strom zurückgelegt wird, ergibt sich aus $s = \upsilon t$, wobei υ die horizontale Austrittsgeschwindigkeit aus dem Loch und t die Flugzeit ist, die genauso lang wie beim freien Fall ist (wenn wir einmal die Lufteffekte ignorieren). Wenn H die konstante Höhe

der Wassersäule ist, befinden sich die Löcher in den Höhen $H/4$, $H/2$ und $3H/4$. Man kann das Gesetz von Torricelli aus dem Gesetz der Energieerhaltung ableiten: Die kinetische Energie $\frac{1}{2}mv^2$ des ausfließenden Wassers aus dem Loch ist gleich dem Unterschied in der potenziellen Energie mgh, wobei h die Strecke unterhalb des Wasserspiegels ist. Somit ist $v = \sqrt{2gh}$. Die Zeit des freien Falls t aus der Höhe $(H - h)$ ist einfach $t = \sqrt{2(H - h)/g}$. Durch Multiplizieren erhält man den Ausdruck $s = 2\sqrt{h(H - h)}$, der ein Maximum bei $h = H - h$ oder $h = H/2$ hat. So ergibt sich, dass die beiden anderen Ströme zusammen auf der Tischoberfläche auftreffen müssten: $S_1 = 2(\frac{3}{4}H \times \frac{1}{4}H) = \frac{3}{8}H^2$; $S_2 = 2(\frac{1}{2}H \times \frac{1}{2}H) = \frac{1}{2}H^2$; $S_3 = 2(\frac{1}{4}H \times \frac{3}{4}H) = \frac{3}{8}H^2$.

90. Wie die Wäsche auf der Leine trocknet

Die scheinbar nächstliegende Erklärung – dass die Schwerkraft das Wasser nach unten und so aus dem Gewebe hinaus zieht – ist falsch. Das Wasser im Gewebe wird in den Zwischenräumen zwischen den Fäden durch elektrische Kräfte gehalten (das heißt durch Kapillarwirkung), und die Schwerkraft kann dieses Wasser nicht herauslösen. Die Schwerkraft spielt zwar bei der richtigen Erklärung eine Rolle, aber nur sekundär.

Die langsame Verdunstung von Wasser kühlt die Luft neben dem Wäschestück ab, die damit dichter als die umgebende Warmluft ausfällt. Diese dichtere Luft bewegt sich abwärts über die Oberfläche des Tuchs, saugt die verdunsteten Wassermoleküle auf und wird im Sinken immer gesättigter. Die Aufnahme von Wasserdunst wird ganz oben am größten und weiter unten geringer sein, denn je gesättigter die Luft wird, desto weniger Wassermoleküle vermag sie aufzusaugen. Somit trocknet die Wäsche von oben nach unten.

91. Das Kanu im Wildbach

Wahrscheinlich nicht. Während sich das Kanu dem Engpass nähert, fließt das Wasser am Bug des Kanus schneller als am Heck. Demzufolge wird sich das Kanu parallel zum Fließen des Wassers ausrichten. Eine geringe Winkelabweichung von der Fließrichtung wird auf ein rücktreibendes Moment am Bug treffen, das größer als das entgegengesetzte Drehmoment am Heck ist.

92. Wohin fließt das Wasser?

Das Wasser fließt vom linken in den rechten Messzylinder, bis die Wasserspiegel schließlich ausgeglichen sind. Das System reagiert auf die Druckunterschiede. Viele Leute versuchen anhand der Gewichtsunterschiede der Wassersäulen das richtige Verhalten vorherzusagen. Wenn ihr Argument richtig wäre, müsste das Wasser in der entgegengesetzten Richtung fließen.

93. Eisen kontra Plastik

Wenn die Luft ruhig herausgesaugt wird, sodass keine Konvektionsströme aufsteigen, erfahren beide Kugeln weniger Auftrieb, aber die Abnahme ist bei der größeren Plastikkugel größer – sie bewegt sich also nach unten.

94. Eisen in Wasser

Die eingetauchte Kugel erfährt eine Auftriebskraft, die gleich dem Gewicht des von der Kugel verdrängten Wasservolumens ist. Nennen wir dieses Gewicht w. Nun könnte man annehmen: Um das Gleichgewicht wiederherzustellen, müsste ein Gewicht w auf die Schale mit dem Ständer gelegt werden. Doch nach dem dritten Newton'schen Axiom ist die Kraft, mit der das Wasser im Behälter auf die eingetauchte Kugel wirkt, genau gleich der Kraft, mit der die Kugel auf das Wasser in der entgegengesetzten Richtung wirkt. Während das Gewicht der Schale mit dem Ständer abnimmt, nimmt das Gewicht der Schale mit dem Behälter zu. Um das Gleichgewicht wiederherzustellen, muss also ein Gewicht von $2w$ auf die Schale mit dem Ständer gelegt werden. Übrigens zeigt der Zeiger der Waage keine ungleichen Drehmomente an. Zwei Objekte können in jedem Kippwinkel im Gleichgewicht sein.

95. Das Paradox der schwimmenden Sanduhr

Es handelt sich um ein Paradox, weil die Auftriebskraft die ganze Zeit gleich ist, aber das beschriebene Verhalten dieser Aussage widerspricht.

Wenn die Einheit umgedreht wird und die Sanduhr umgekehrt auf dem Boden steht, drückt ihr leichter Kippwinkel ihr Glas gegen den Glaszylinder, wo die Kontaktreibung und die Oberflächenspannung des Wassers eine Aufwärtsbewegung verhindern. Wenn genügend Sand auf den Boden der Sanduhr gerieselt ist, wird das Drehmoment, das die Sanduhr kippt, erheblich reduziert. Dann wird die Auftriebskraft größer als die entgegengesetzten Kräfte – Gewicht, Kontaktreibung und Oberflächenspannung –, sodass die Sanduhr nach oben steigt.

96. Der Luftballon mit dem offenen Mundstück

Stülpen Sie zuerst den Ballon um. Erhitzen Sie etwa 5 Milliliter Wasser in einer 500 Milliliter fassenden Florentiner Flasche, bis das Wasser heftig kocht. Die Luft in der Flasche wird größtenteils durch Heißluft mit Wasserdampf ersetzt. Ziehen Sie sich zur Sicherheit Gummihandschuhe an und spannen Sie dann schnell das Mundstück des Ballons über die Öffnung der Flasche. Das muss wirklich sehr schnell geschehen, damit nicht zu viel Außenluft in die Flasche zurückströmt.
Wenn das Wasser zu kochen aufhört, kühlt sich die Flasche ab, und der Wasserdampfdruck wird rapide fallen. Die Außenluft wird den Ballon in der Flasche aufblasen.

97. Reaktion eines kartesischen Tauchers

Der kräftige Schlag auf die Tischplatte schickt eine Schockwellenfront über den Boden des Behälters, durch das Wasser und bis zum Taucher, und diese Front reduziert für kurze Zeit sein Luftvolumen. Wenn der Auftrieb ursprünglich nur gering war, wird der Taucher zum Boden absinken.

98. Perpetuum mobile?

Jede Flüssigkeit übt ihre Auftriebskraft nur senkrecht zur Oberfläche des Zylinders aus, sodass keine Drehmomente auftreten. Es gibt also keine Rotation.

99. Zwei Seifenblasen

Die größere Seifenblase wird größer und die kleinere Blase wird kleiner, weil der Luftdruck im Inneren einer Seifenblase mit zunehmendem Radius abnimmt. Bei einer kugelförmigen Blase mit dem Radius R ist die Kraft der Oberflächenspannung $2\pi RT$ ungefähr gleich der vom Luftdruck im Inneren ausgeübten Kraft $4\pi R^2 P$, und daraus ergibt sich der Druck $P \propto 1/R$. Im Fall der beiden Luftballons wird der größere die Luft in den kleineren drücken, bis beide gleich groß sind.

100. Der Trinkhalm

Nichts geschieht! Das Wasser bleibt im Halm. Der Druck im Inneren des Halms ist geringer als der äußere Luftdruck. (Achten Sie darauf, dass das Loch groß genug ist, damit die Oberflächenspannung nur eine Nebenrolle spielt.)

101. Der Heißluftballon

Die richtige Erklärung hängt mit der Dichte der Luft im Ballon im Hinblick auf die Dichte der Umgebungsluft zusammen. Die Luft im Inneren des Ballons vergrößert das Gewicht des Ballons, egal ob sie heiß oder kühl ist. Die heißere Luft drückt die Wände des Ballons stärker nach außen, sodass das Volumen zu- und die Dichte abnimmt. Und dann steigt er. Entscheidend ist, dass das Gewicht des Ballons mitsamt der darin befindlichen Luft geringer ist als das Gewicht der verdrängten Umgebungsluft.

102. Wie sich der römische Aquädukt verbessern ließe

Ja, das Wasser kann über einen Berg fließen, der höher als die Wasserquelle ist. Diese Vorrichtung nennt man einen Saugheber. Ein Saugheber funktioniert dann am besten, wenn die Strömung laminar bleiben kann, also keine Turbulenz aufweist. Diese Bedingung lässt sich dadurch erfüllen, dass der Querschnitt des Rohrs je nach der Höhe variiert. Aufgrund des geringeren Drucks fließt das Wasser bei größeren Höhen langsamer, sodass es dort einen größeren Querschnitt geben muss, damit die Wassermenge gleich bleibt.

103. Experiment an der Bar

Benutzen Sie einen der zusätzlichen Rührlöffel, um Luft in Glas A zu blasen, und zwar an irgendeinem Punkt, an dem die Gläser A und B aufeinanderliegen. Wenn die Luft das oberste Volumen im Glas einnimmt, wird etwas Wasser aus Glas A in Glas C tröpfeln.

104. Der Reifendruck

Der Reifendruck wird in beiden Fällen nahezu gleich sein. Obwohl die Reifenvolumina sich unterscheiden, ist dieser Unterschied nur gering. Der Luftdruck ist etwas größer, wenn der Reifen das Gewicht des Autos trägt. Tatsächlich wird das Auto größtenteils von den steifen Seitenwänden der Reifen getragen.

*105. Der Saugheber

Bei dieser Analyse des Saughebers betrachten wir den Idealfall, in dem zwei Komponenten vorhanden sind: eine ideale, inkompressible Flüssigkeit, ohne Energieverlust, und ein großer Flüssigkeitsbehälter mit einer großen Querschnittsfläche in Bezug auf den Durchmesser des Saugheberrohrs, sodass das Flüssigkeitsniveau im Prinzip konstant bleiben kann. Am besten versteht man anhand eines dynamischen Modells, wie ein Saugheber funktioniert. Allerdings kann man schon mit Hilfe eines statischen Modells erklären, wie der Saugheber gestartet wird.

Und so funktioniert der Start: Das Ende A des Saugheberrohrs befindet sich in der Flüssigkeit, das Ende F außerhalb von ihr. Wenn das Ende F ein wenig tiefer ist als das Ende A und wenn man Flüssigkeit ins Rohr gesogen hat, bis es voll ist, dann ist der Druck im Inneren am Ende F ein wenig größer als der Luftdruck, sodass Flüssigkeit durch den Saugheber fließt. Dieses Fließen geht so lange weiter, bis der Druck im Ende F den Luftdruck erreicht, wobei es zu dieser Druckabnahme kommt, weil der Flüssigkeitsspiegel im Behälter sinkt. Wenn man das Ende F nicht absenkt, wird das Fließen schließlich aufhören. In unserem Idealfall eines sehr großen Flüssigkeitsbehälters dauert das Fließen sehr lange.

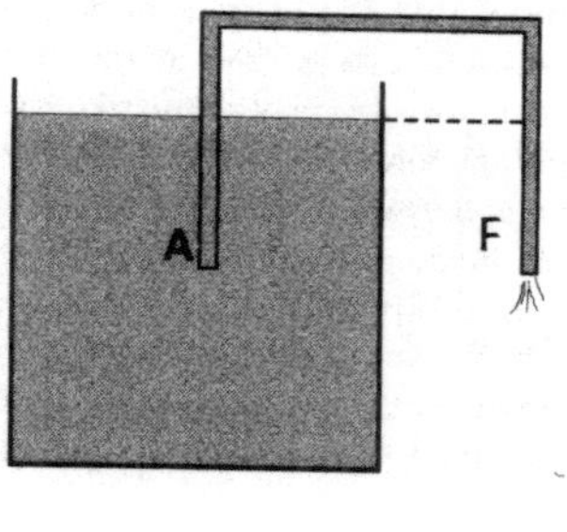

Und nun zur dynamischen Theorie für den Idealfall *ohne Turbulenz*: Damit man versteht, wie der Saugheber funktioniert, müssen zwei Gleichungen miteinander verbunden werden. Die erste ist die Bernoulli'sche Gleichung für Punkte entlang einer Stromlinie, der die Energieerhaltung zugrunde liegt:

$p_a + \rho g h_a + {}^1/_2 \rho \upsilon_a{}^2 = p_b + \rho g h_b + {}^1/_2 \rho \upsilon_b{}^2$,

wobei *a* und *b* Punkte auf der Stromlinie sind, *p* der Druck, *h* die Höhe, υ die Fließgeschwindigkeit, ρ die Flüssigkeitsdichte und *g* die Schwerebeschleunigung ist. Die zweite Gleichung gibt die Kontinuität für das Flüssigkeitsvolumen pro Sekunde an, $Q/t = A\upsilon$, wobei *A* die gleichförmige Querschnittsfläche des Saugheberrohrs ist. Im realen Fall bei Viskosität wäre eine dritte Gleichung – die Hagen-Poiseuille'sche Gleichung – erforderlich.

Nun wendet man die beiden Gleichungen auf den Saugheber an. An allen Punkten im Inneren des Rohrs ist der Druck geringer als der Umgebungsluftdruck p_0, außer vielleicht am Ende *F*. Nehmen wir zum Beispiel an, Punkt *a* sei im Rohr auf der gleichen Höhe wie die Oberfläche der Flüssigkeit im großen Behälter und Punkt *b* sei an der obersten Stelle des Rohrs im Abstand *h* über dieser Flüssigkeitsoberfläche. Dann erhalten wir die Gleichung $p_0 = p_b + \rho g h_b + {}^1/_2 \rho \upsilon_b{}^2$ oder $p_b = p_0 - \rho g h_b - {}^1/_2 \rho \upsilon_b{}^2$, die beweist, dass der Innendruck geringer als der äußere Luftdruck ist. Beachten Sie, dass p_0 später gleich null sein kann, wenn wir den Saugheber in einem Vakuum einsetzen wollen.

Nun kann man zeigen, dass der Druckunterschied zwischen der Umgebungsflüssigkeit außen um Ende *A* und im Inneren von Ende *A* der »Motor« ist, der das Saugrohr antreibt. Bei einem Rohr mit einheitlichem Durchmesser wird die Fließgeschwindigkeit υ im ganzen Rohr gleich sein. Außerhalb von Ende A ist der Druck gleich $p_0 + \rho g h_a$, während der Druck im Inneren von Ende A gleich $p_0 + \rho g h_a - {}^1/_2 \rho \upsilon_a{}^2$ ist, wobei das Minuszeichen korrekt ist. Somit fällt der Druck um ${}^1/_2 \rho \upsilon_a{}^2$ am Rohreinlass. Beachten Sie, dass die Bewegung der Flüssigkeit von entscheidender Bedeutung für die Erklärung der Funktionsweise ist, und darum sind allein statische Modelle zur Erklärung des Saughebers unvollständig. Außerdem hebt sich der Luftdruck p_0 auf und drückt somit eben nicht die Flüssigkeit im Rohr nach oben.

*106. Der umgekehrte Rasensprenger

Aufgrund der Erhaltung des Drehimpulses muss der Rasensprenger in den beiden entgegengesetzten Modi auch gegensätzlich rotieren, und das tut er auch. Man kann hier nicht die Analyse der Zeitumkehr anwenden, weil im Vorwärtsmodus, dem normalen Rasensprengerbetrieb, der Wasserdruck im Umgebungsmedium an den Düsenenden geringer ist. Wenn man einen Film von diesem normalen Betrieb rückwärts laufen lässt, stimmt dies nicht mit dem Umkehrmodus überein, weil die Druckbereiche im Inneren der Düsen nicht umgekehrt werden. Es gibt nur eine Möglichkeit, damit Wasser an den Düsenenden in den Rasensprenger gelangt: Der Druck im Umgebungsmedium muss größer sein als der im Inneren. Es gibt noch eine weitere Komplikation: Im Umkehrmodus kommt das eindringende Wasser aus allen Richtungen, sodass nur das tatsächlich in die Düsen gelangende Wasser zum Drehimpuls des Systems beiträgt, während beim normalen Vorwärtsmodus das gesamte austretende Wasser dazu beiträgt.

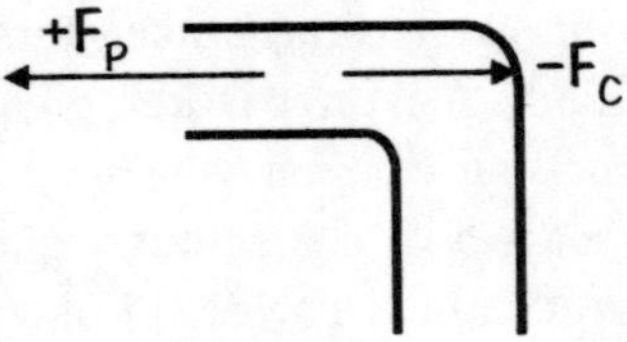

Der Einfachheit halber nehmen wir an, das Wasser habe im Düseninneren keine Bremswirkung. Betrachten wir zunächst, wie die Azimutalkräfte (also die nicht entlang der Radialrichtung auftretenden Drehkräfte) auf das eindringende Wasser wirken: die Kraft $-F_p$, ein am Düsenende im Uhrzeigersinn und nach innen gerichteter Flüssigkeitsdruckunterschied mal der Fläche der Düsenöffnung, und die Kraft $+F_c$, die den Wasserfluss an der Innenbiegung von azimutal zu radial ändert. Diese beiden Kräfte zeigen in entgegengesetzte Richtungen. Dann betrachten wir die entsprechenden Reaktionskräfte, die auf die Düse in der azimutalen Richtung einwirken: die Kraft $+F_p$, die an der Öffnung gegen den Uhrzeigersinn und nach außen gerichtet ist, und die Kraft $-F_c$. Bevor ein Gleichgewichtsfließzustand erreicht wird, ist $+F_p$ größer als $-F_c$, sodass der umgekehrte Rasensprenger in Wasser gegenläufig zum Vorwärtssprenger rotiert.

*107. Hochschießende Wassertröpfchen

Energie wird durch Kopplung in den gleitenden Becher übertragen, wenn der nahezu ebene Boden des Bechers an der polierten Holzoberfläche hängen bleibt und sich von ihr löst. Bei guter Kopplung in der richtigen Gleitgeschwindigkeit werden auf der Oberfläche der Flüssigkeit fast augenblicklich stehende Wellen erzeugt. Wird der Becher kontinuierlich weitergeschoben, sorgt dies für eine ausreichende Aufwärtsbewegung an Wellenkämmen in allen Richtungen, und dies bewirkt, dass Wassertröpfchen von der Flüssigkeitsoberfläche abreißen und hoch über den Becher hinausschießen.

Turbulenzen

108. Vertikale Wurfbahn

Ein senkrecht nach oben geworfener Papierflieger kann extrem langsam abwärts gleiten. Bei den meisten Objekten wird die Gesamtflugzeit kürzer sein. Ein nach oben geworfener Ball und ein nach oben geworfener Dartpfeil fliegen bei der gleichen Anfangsgeschwindigkeit nicht gleich hoch. Der Dartpfeil fliegt höher, weil er weniger Luftwiderstand hat. Die Aufstiegszeit ist immer kürzer als die Rückfallzeit. Der Grund liegt darin, dass ein Teil der ursprünglich dem hochgeworfenen Gegenstand mitgegebenen kinetischen Energie in Reibungswärme bei der Überwindung des Luftwiderstands umgewandelt wird.
Die potenzielle Energie am höchsten Punkt ist also viel geringer als die kinetische Energie beim Start. Beim Zurückfallen wird von dieser geringeren potenziellen Energie wieder nur ein Teil in kinetische, also Bewegungsenergie umgewandelt, weil auch beim Fallen der Luftwiderstand überwunden werden muss. Diese Überlegung ist für alle Zwischenhöhen gültig. Daher ist die Abwärtsgeschwindigkeit immer geringer als die Aufwärtsgeschwindigkeit in der gleichen Höhe.

109. Ein weiter Weg bis zum Boden

Beim Fallen wirken auf die Kugel die Erdanziehungskraft, $K_{\downarrow} = m \times g$, und der Bewegung entgegen, also nach oben, die Kraft des Luftwiderstands, $K_{\uparrow} = {}^1/_2 \rho c_{\omega} A \times v^2$. Hierbei ist m die Masse der Kugel, g die Erdbeschleunigung, ρ die Dichte der Luft, c_{ω} der Luftwiderstands-Beiwert, ein Maß für die Windschlüpfigkeit des Körpers (Autofreaks wohl bekannt), A ist die wirksame Frontfläche und v ist die momentane Geschwindigkeit. Wenn beide Kräfte gleich geworden sind, also $K_{\downarrow} = K_{\uparrow}$, nimmt die Geschwindigkeit nicht mehr zu. Ab diesem Zeitpunkt hängt die Geschwindigkeit nicht mehr von der Fallhöhe ab. Diese Überlegung gilt nur für Geschwindigkeiten, die wesentlich kleiner als die Schallgeschwindigkeit (≈340 m/sec) sind. In der Nähe der Schallgeschwindigkeit nimmt der Luftwiderstand drastisch zu, aber im Fallen, also ohne zusätzlichen Antrieb, erreicht eine normale Kugel in der Nähe des Erdbodens (Höhen kleiner als z. B. 10 000 m) sowieso nicht die Schallgeschwindigkeit. Können identische Kugeln also einander nicht überholen, vermögen dies gleich große, aber unterschiedlich schwere Kugeln dagegen sehr wohl.

110. Galileis Problem – moderne Version

Die Bowlingkugel kommt zuerst am Boden an. Die nach unten wirkende Gewichtskraft $K_{G\downarrow}$ ist bei der Bowlingkugel größer als bei der leichteren Plastikkugel, daher braucht die Bowlingkugel eine höhere Geschwindigkeit, bis die Luftwiderstandskraft gleich der Gewichtskraft ist.

111. Das Paradox der fallenden Objekte

Mit Luftwiderstand trifft das fallen gelassene Objekt zuerst auf! Denn bei dem horizontal abgeschossenen Objekt tritt nach dem zweiten Newton'schen Axiom eine Beschleunigung in vertikaler Richtung auf, nämlich $a = -g + BV\upsilon/m$, wobei g die Schwerebeschleunigung, B eine Konstante der Luftviskosität, V die große Momentangeschwindigkeitsgröße des Objekts, υ ihr Teilwert in der vertikalen Richtung und m die Masse ist. Nach dem zweiten Axiom ist die Größe der vertikalen Beschleunigung des abgeschossenen Objekts geringer als die des fallen gelassenen Objekts, dessen vertikale Beschleunigung gleich $-g + B\upsilon\ \upsilon/m$ ist, weil $V >> \upsilon$ ist.

Ohne Luftwiderstand gibt es mehrere Methoden, um festzustellen, wie sich die Erdkrümmung auf die Flugzeit der horizontal abgeschossenen Kugel auswirkt. So kann man zum Beispiel die beiden Grenzfälle untersuchen: 1. Die horizontale Anfangsgeschwindigkeit ist gleich null – dann fällt die Kugel einfach genau wie die andere. 2. Die Kugel tritt mit einer horizontalen Anfangsgeschwindigkeit aus, die zu einer (nahezu) kreisförmigen Umlaufbahn führt – dann wird die Flugzeit extrem lang. Alle anderen Fälle einer Kollision mit der Erde liegen zwischen diesen beiden Grenzfällen. Damit trifft die fallen gelassene Kugel zuerst auf. Man könnte auch die Bewegung analysieren, indem man die Auswirkung der Zentrifugalkraft auf den radialen Fall des Objekts untersucht. Bei den unter Berücksichtigung des Luftwiderstands erreichbaren Geschwindigkeiten spielt die Krümmung der Erde keine Rolle.

112. Der Eissegler

Ja. Der Eissegler ist zwar gezwungen, sich in der Richtung seiner Kufen zu bewegen, doch dieses Verhalten vermittelt ihm eine Stabilität gegenüber dem seitlichen Schub des Windes. Wie ein normales Segelboot im Wasser kann sich auch der Eissegler viel schneller als der Wind bewegen, der ihn antreibt. Man muss nur einfach das Segel richtig stellen, sodass sich eine kleine Vorwärtskomponente der Windkraft am Segel zusätzlich zu ihrer seitlichen Kraftkomponente ergibt. Manche Eissegler können die doppelte bis dreifache Windgeschwindigkeit erreichen.

113. Das Flettner-Rotor-Schiff

Die Drehrichtung des vertikalen Zylinders ist tatsächlich von Bedeutung. Um den Bernoulli-Effekt zu nutzen, muss man einen Druck erzeugen, der vor dem rotierenden Zylinder geringer ist als hinter ihm. Unter den gegebenen Bedingungen, also wenn das Schiff nach Westen fährt und der Wind von Süden kommt, sollte der Zylinder sich von oben gesehen im Uhrzeigersinn drehen. An der Vorderseite wird die Geschwindigkeit der Luft zur tangentialen Drehgeschwindigkeit des Zylinders addiert. An der Rückseite ist die Luftgeschwindigkeit der tangentialen Drehgeschwindigkeit entgegengesetzt und muss daher von ihr abgezogen werden. Nach dem Bernoulli-Effekt tritt an der Vorderseite ein niedrigerer Druck auf, und das Schiff wird von den Windeffekten vorwärts geschoben.

114. Die Auftriebskraft ist doch größer, oder?

Bei einer stabilen, konstanten Steiggeschwindigkeit ist die Auftriebskraft *geringer* als das Gewicht des Flugzeugs. Der

Schub hat eine Aufwärtskomponente, die zum Auftrieb beiträgt, um das Gewicht auszugleichen.
Die meisten Menschen gehen davon aus, dass Flugzeuge steigen, weil der Auftrieb größer sei als das Gewicht - eine intuitive Vorstellung, die falsch ist. Im einfachsten Fall beschleunigt das Flugzeug in keiner Richtung. Entlang der Linie senkrecht zur Tragfläche (das heißt, entlang der Auftriebsrichtung) summieren sich die Kräfte zu $L - W \cos \alpha = 0$, wobei L der Auftrieb, W das Gewicht und α der Steigungswinkel ist. Somit ist bei jedem Steigungswinkel die Auftriebskraft geringer als das Gewicht des Flugzeugs.

115. Treibende Flöße

Überall im fließenden Wasser wirken so genannte Viskositätskräfte, die die Wasserschichten im Fluss entweder beschleunigen oder bremsen. Nahe den Ufern und dem Flussbett wirken auf das Wasser die Strömungswiderstandseffekte des nahezu ruhigen Wassers in Kontakt mit diesen festen Oberflächen. Gleichzeitig versucht das weiter von diesen Oberflächen entfernt fließende Wasser, das nahezu ruhige Wasser über Viskositätseffekte zu beschleunigen. Es bildet sich eine Grenzschicht - das heißt, es entwickelt sich eine Schicht des verzögerten Fließens. Schließlich entwickelt sich normalerweise ein stabiles Fließgeschwindigkeitsprofil, wobei die Geschwindigkeit nach innen zur Flussmitte hin und vom Boden nach oben hin zunimmt und nahe der Mitte dicht unter der Wasseroberfläche ein Maximum erreicht.
Die maximale Fließgeschwindigkeit tritt deshalb dicht unter der Oberfläche auf, weil die Luft über der Wasseroberfläche eine Widerstandskraft auf das Wasser ausübt. Daher

wird ein schwerer beladenes Floß, das tiefer ins Wasser eintaucht, von einer schnelleren Strömung geschoben und schneller schwimmen als ein leicht beladenes Floß.

116. Dubuats Paradox

Der Wasserwiderstand ist normalerweise geringer, wenn der Stock in einen fließenden Bach gehalten wird. In einer Flüssigkeit gibt es Reibungs- und Formwiderstände. Bei unförmigen Objekten ist der Reibungswiderstand im Vergleich zum Formwiderstand unbedeutend. Die Wassermoleküle in Kontakt mit dem Stock im Bach sind nahezu stationär, und hinter dem Stock bildet sich eine mehrere Stockdurchmesser große Grenzschicht des verzögerten Fließens.

Fließende Bäche sind ein wenig turbulent, und diese Turbulenz sorgt für einen Übergang in der Grenzschicht, die den Stock umgibt. Folglich empfängt die sich langsam bewegende Grenzschicht zusätzliche kinetische Energie vom frei fließenden Bach, und deshalb reicht diese Grenzschicht ohne Trennung weiter um den Stock herum, als dies normalerweise der Fall ist. Der Formwiderstand wird reduziert und damit auch der Gesamtwiderstand, da der Reibungswiderstand hier unbedeutend ist.

117. Tragflächenformen im Luftstrom

Bei einer langsamen Luftgeschwindigkeit von 300 Kilometern pro Stunde bietet die Ausrichtung (a), bei der die abgerundete Kante nach vorn zeigt, weniger Luftwiderstand. Bei einem »Hochgeschwindigkeitsflug« durch ein Medium von geringer Dichte ist die Reynolds-Zahl $R >> 1$ – die Viskositätskräfte haben also nur einen geringen Einfluss.

118. Tragflächenformen im Wasserstrom

Bei langsamem Fließen (a) und bei schnellem Fließen (b).

119. Draht gegen Tragfläche

Die Tragfläche. Ihre Stromlinienform ist zwar zehn Mal dicker, erzeugt aber etwas weniger Widerstand als der runde Draht, denn bei der Tragfläche kommt es zu keinen Turbulenzen auf der Rückseite, weil die Luft an ihr vorbeifließt. Ein turbulenter Bereich dahinter wäre ein Bereich mit geringerem Druck, der auf das Objekt eine rückwärts gerichtete Nettokraft ausübt, die zum Strömungswiderstand effektiv beiträgt. Im Vergleich zum Draht mit seinem runden Querschnitt reduziert die Tragflächenform die Bildung von Turbulenz erheblich.

120. Löchrige Flügel

Der Luftstrom über und unter einem herkömmlichen Flügel löst sich in Turbulenz auf, und der Luftwiderstand nimmt zu. Man reduziert ihn erheblich, wenn durch die Löcher die turbulente Luft wie mit einer Pumpe angesaugt wird. Weniger Luftwiderstand bedeutet weniger Treibstoff und damit weniger Betriebskosten.

121. Frisbeefreuden

Wenn der Auftriebsmittelpunkt vor dem Schwerpunkt liegt, würde eine leichte Neigung, die die Vorderseite der Frisbeescheibe (und den Auftriebsmittelpunkt) nach oben oder unten bewegt, zu einem instabilen Zustand führen, wenn die Scheibe sich nicht drehen würde. Dank dem

Drehimpuls erzeugt diese Neigung eine langsame Präzession der Drehachse, analog dem Verhalten eines Gyroskops. Das daraus resultierende Wackeln erzeugt eine Menge Turbulenz und erhöht den Flugwiderstand – somit verkürzt sich die Flugstrecke.

122. Aerobie-Wurfring

Der Wurfring löst einige der oben erwähnten aerodynamischen Probleme der Frisbeescheibe. Er hat eine äußere Kante – einen Rand –, der als eine Art »Spoiler« fungiert, sodass der Luftstrom von den Oberflächen der Vorderkante des Rings abreißt und eine gewisse Turbulenz erzeugt. Diese vordere Kante verliert zwar ein wenig Auftrieb, aber nun ist der Auftriebsmittelpunkt dem Schwerpunkt ganz nahe, statt vor ihm zu liegen. Insgesamt tritt weniger Turbulenz auf als bei der Frisbeescheibe, bei der die Präzession mehr Wackeln verursacht. Damit kann der Aerobie-Wurfring dank des geringeren Luftwiderstands weiter fliegen als die Frisbeescheibe. Ach, wenn man doch die Turbulenz völlig eliminieren könnte …

123. Drachen I

Der Winkel zwischen der Drachenfläche und der Windrichtung muss so eingestellt sein, dass der Drachen am besten steigt. Dieser Anstellwinkel müsste bei größeren Windgeschwindigkeiten kleiner sein – sonst würde der Drachen instabil werden und vielleicht sogar kaputtgehen. Wenn der Drachen in größere Höhen aufsteigt, nimmt die Windgeschwindigkeit normalerweise zu, und dann ist der Anstellwinkel nicht mehr optimal. Die Feder oder das Gummiband reagiert auf die Kraft des Windes und dehnt sich, um den Anstellwinkel zu verändern. Der Drachenschwanz kann dazu beitragen, Stabilitätsprobleme zu reduzieren.

124. Drachen II

Die Schleppsäcke verjüngen sich, sodass die Luft, die an der windzugewandten Seite eintritt, sich beschleunigt und an der windabgewandten Seite austritt. Diese austretende Strömung, die sich schneller bewegt als der Umgebungsluftstrom, stabilisiert die richtige Ausrichtung der Schleppsäcke, sodass diese jedes seitliche Ausbrechen dämpfen. Mit anderen Worten: Jedes Nichtfluchten der Schleppsäcke bewegt das Austrittsende in einen Bereich von höherem Druck, der das Austrittsende wieder zurückdrängt.

125. Fallschirme

Bei einem Fallschirm ohne Lüftungsloch treten abwechselnd Wirbel an den gegenüberliegenden Seiten auf, und der Fallschirm reagiert darauf, indem er immer stärker hin und her schwingt. Wenn die Luft an den Rändern vorbeiströmt, ist der Druck im Wirbel geringer als der Druck der Umgebungsluft, das Schwingen beginnt, und mit jedem periodischen Impuls nimmt die Schwingungsamplitude zu. Die Luftlöcher lösen die Wirbel auf, um das Schwingen zu verringern.

126. Seltsames Verhalten einer Mischung

Dieses Gemisch ist eine elektrorheologische Flüssigkeit, deren Viskosität von elektrischen Feldern beeinflusst wird. Weder das Öl noch die Speisestärke sind elektrisch leitfähig, sie sind dielektrisch. Damit die Flüssigkeit gegossen werden kann, muss das Öl fließen, und die Stärketeilchen müssen sich mit dem Öl und aneinander vorbei bewegen. Das elektrische Feld polarisiert die Stärketeilchen, und im Öl bilden sich Stärkefäden, die die Bewegung des Öls einschränken. Diese Fäden können sich nicht glatt umeinander bewegen, sodass die Flüssigkeit viskoser wird. Wenn Sie das geladene Objekt nahe an die Oberfläche der Flüssigkeit heranbewegen, wenn sie im Glas ruht, sehen Sie, wie sich in der Oberfläche vorübergehend eine Delle bildet.

127. Ketchup

Ketchup ist eine thixotropische Flüssigkeit, deren Viskosität mit der Fließgeschwindigkeit abnimmt. Anscheinend bewirkt das Fließen, dass sich lange Ketten und Stränge in Fließrichtung ausrichten und damit den Fließwiderstand reduzieren.

128. Der aufgerollte Gartenschlauch

Wenn das Wasser durch den Trichter in den Schlauch gegossen wird und die erste Windung füllt, wird etwas Wasser auf den Boden der zweiten Windung fallen. In der ersten Windung bildet sich oben ein Luftpfropfen. Wird mehr Wasser in den Trichter gegossen, können sich einige weitere Luftpfropfen an der Oberseite der Windungen bilden, bis der Druck der Wassersäule unter dem Trichter nicht mehr ausreicht, um Wasser nach oben in die Windungen zu drücken und die Luftpfropfen zu beseitigen. Von nun an wird kein Wasser mehr in den Schlauch gelangen – und am anderen Ende wird daher keins austreten.

129. Aus einem Rohr fließen

Eine Nicht-Newtonsche Flüssigkeit, etwa eine langkettige Polymerflüssigkeit, verbreitet sich zunächst nach außen, wenn sie aus der Öffnung tritt. Die Kettenmoleküle verheddern sich ineinander, und wenn ihr Verheddern zunimmt, beanspruchen sie ein größeres Volumen, im Gegensatz zu normalen Flüssigkeiten.

130. Kugeln in einer viskosen Newtonschen Flüssigkeit

Die zweite Kugel holt die erste ein und kollidiert mit ihr, wenn die Kugeln nicht zu klein sind. Wenn sie einen bestimmten Radius haben, werden sie einander schließlich berühren, falls der Weg in der Flüssigkeit lang genug ist.

131. Kugeln in einer viskosen Nicht-Newtonschen Flüssigkeit

Es gibt zwei Lösungen. Wenn die zweite Kugel ganz kurz nach der ersten fallen gelassen wird, wird sich die zweite Kugel der ersten nähern und mit ihr kollidieren, und zwar aus dem gleichen Grund wie in der Newtonschen Flüssigkeit, insofern hier die Kugeln eine gewisse physikalische Größe haben.

Wenn die Verzögerung beim Loslassen der zweiten Kugel länger als ein kritisches Zeitintervall ist, werden sich die Kugeln auseinander bewegen, während sie durch die Flüssigkeit fallen. Die Bewegung der ersten Kugel induziert in der Flüssigkeit eine Scherbewegung, die die Viskosität für die zweite Kugel erhöht.

*132. Auftrieb ohne Bernoulli-Effekt

Der vom Flügel erzeugte Auftrieb lässt sich erklären, wenn man bedenkt, dass der Luftstrom vom ganzen Flügel nach oben und nach unten abgelenkt wird, und auf diese Tatsache das zweite Newton'sche Axiom anwendet. Uns interessieren hier die Impulsveränderungen bei der Ablenkung des Luftstroms nach unten gegenüber den Impulsveränderungen des Luftstroms nach oben. Wir erinnern uns: Der Impuls ist das Produkt von Masse und Geschwindigkeit, und beim Flügel haben wir es in erster Linie mit einer Veränderung der Geschwindigkeit zu tun. Wenn die Impulsveränderung abwärts die Veränderung aufwärts übersteigt, gibt es einen Auftrieb.

Die Größe des Auftriebs hängt von der Geschwindigkeit und Dichte der Luft, der Form des Flügels und dem Anstellwinkel ab. Die meisten Flugzeugflügel könnten umgedreht werden und dennoch unter einer großen Vielfalt von Bedingungen Auftrieb erzeugen. Das Strömungsverhalten der Luft an Flugzeugflügeln ist recht kompliziert. Es treten dabei Wirbel und Turbulenzen auf. Eine Situation, die für die Anwendung der Bernoulli-Gleichung nicht sehr geeignet ist, da diese eine laminare Strömung voraussetzt.

Kurzum: Auftrieb tritt dann auf, wenn und nur wenn der Flügel durch sein Profil und durch seinen Anstellwinkel dem Luftstrom einen Abwärtsimpuls vermittelt.

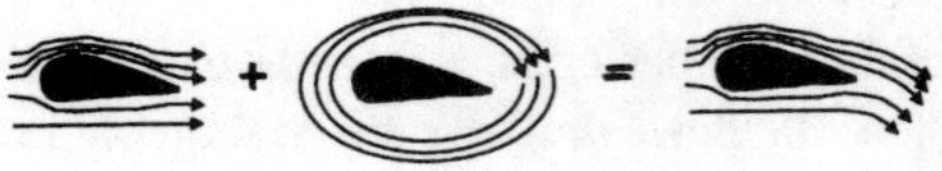

*133. Sturm in einer Teetasse

Das interessante Verhalten von Teeblättern hat viele Menschen fasziniert, unter anderem auch Albert Einstein, der 1926 einen Aufsatz über dieses Phänomen veröffentlicht hat, den man in *Albert Einstein. Wirkung und Nachwirkung*, herausgegeben von A. P. French (Braunschweig 1982), nachlesen kann.

Es gibt eine Reibung zwischen der Bodenschicht der Flüssigkeit und dem Boden der Tasse. Diese Reibung reduziert die Rotationsgeschwindigkeit und den Druckunterschied zwischen der Flüssigkeit neben der Wand und der Flüssigkeit in der Mitte. Weiter oben in der Flüssigkeit ist diese Reduktion viel geringer. Infolgedessen wird Flüssigkeit entlang der Wand nach unten gedrückt, dann radial nach innen zur Mitte der Tasse, dann aufwärts in der Mitte und schließlich nahe der Oberfläche nach außen.

Die Teeblätter werden zwar zur Mitte transportiert, aber die gesamte Aufwärtskraft des Flüssigkeitsstroms plus die Auftriebskraft sind nicht groß genug, um sie gegen ihr Gewicht nach oben zu befördern.

*134. Rauchringe I

Bei der Bewegung des Rauchrings haben wir es mit einer Beziehung zwischen Kraft und Geschwindigkeit, nicht zwischen Kraft und Beschleunigung zu tun. Diese Kraft-Geschwindigkeit-Beziehung lässt sich aus dem zweiten Newton'schen Axiom ableiten, aber die Details sind kompliziert. Betrachten wir zunächst ganz einfach das Verhalten. An den gegenüberliegenden Seiten des Rauchrings rotieren die Teilchen, wie es die Zeichnung zeigt, in entgegengesetzten Richtungen. Diese gegenüberliegenden

Seiten scheinen zwar voneinander getrennt zu sein, aber sie beeinflussen dennoch einander. Speziell die Rotation des Rauchs im oberen Wirbel bewirkt, dass sich der Rauch im unteren Wirbel nach rechts bewegt. Auf genau die gleiche Weise bewirkt der untere Wirbel, dass sich der Rauch im oberen Wirbel nach rechts bewegt. Dieses Argument gilt für alle einander gegenüberliegenden Abschnitte des Rauchrings.

*135. Rauchringe II

Die beiden koaxialen Rauchringe, die sich in der gleichen Richtung bewegen, ziehen einander eigentlich an, genau wie zwei elektrische Stromschleifen mit der gleichen Stromrichtung. Die Wirbel um den einen Rauchring wirken auf die Wirbel um den anderen Ring ein, sodass sie sich einander nähern. Infolgedessen wird der nachfolgende Ring beschleunigt und der führende Ring verlangsamt. Das Ganze funktioniert noch besser, wenn der nachfolgende Ring eine viel größere Anfangsgeschwindigkeit als der führende Ring hat. Allerdings ist selbst unter den besten Umständen ein mehrfaches gegenseitiges Durchlaufen der Rauchringe schwierig.

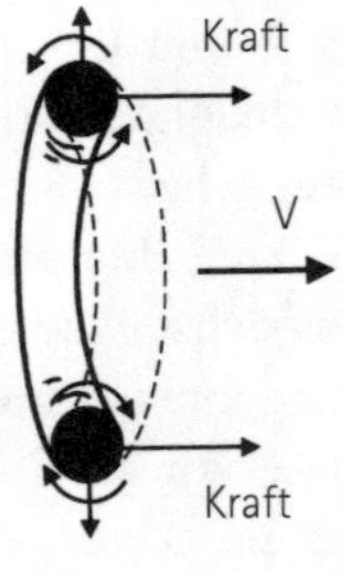

Wann würde sich ein Rauchring ausdehnen und wann würde er schrumpfen? Wenn eine Kraft im rechten Winkel auf die Ebene des Rings einwirkt (siehe Zeichnung), dann werden die Ringachsen der beiden gegenüberliegenden Wirbel in Bereiche gedrückt, wo der Rauch so rotiert, dass die Wirbelachsen nach außen getrieben werden und der Ringdurchmesser zunimmt. Gleichzeitig nimmt die Vorwärtsbewegung des Rauchrings ab. Warum? Wenn die Kraft in der anderen Richtung einwirkt, schrumpft der Ring, und seine Vorwärtsbewegung wird beschleunigt. Somit können unter idealen Bedingungen zwei benachbarte Rauchringe aufeinander einwirken, und der eine kann den anderen passieren.

Die Maus, die brüllte

136. Muschelsymphonie

Der Hohlraum im Inneren der Muschelschale wirkt wie ein Resonanzkörper bei allen Lauten, die aus der Umgebungsluft, aus dem menschlichen Ohr oder durch Kontaktübertragung durch die Knochen und die Haut des Kopfes im Inneren der Muschel eingefangen werden. Das gleiche Phänomen einer Hohlraumresonanz erlebt man, wenn man bei geschlossener und bei offener Hand mit Daumen und Mittelfinger schnippt. Bei geschlossener Hand ist der Schnipplaut deutlich lauter. Ebenso erzeugen das am Ohr vorbeiströmende Blut und die Geräusche des Ozeans einen ziemlich interessanten Effekt, wenn man sie aus der Muschelschale vernimmt.

137. Die eigene Stimme hören

Der Unterschied besteht wirklich. Ihre Stimme hört sich für andere dünner und weniger kräftig an als für Sie, weil Sie die eigene Stimme einmal über die Schallleitung der Schädelknochen und dann über die der Luft vernehmen. Diesen Unterschied können Sie nachprüfen: Summen Sie mit geschlossenen Lippen und verstopfen Sie dann Ihre Ohren mit den Fingern – das Summen wird lauter! Bei luftgeleiteten Geräuschen geht die Schwingungsenergie größtenteils in Wellenlängen über 300 Hertz und nur zu einem ganz geringen Teil in tiefere Laute ein.

138. Ein Brummen in den Ohren

Dieses Brummen von etwa 23 Hertz entsteht in den Muskeln Ihrer Arme und Hände. Ständig dehnen und entspannen sich die Aktin- und Myosinmikrofilamente in den Muskeln. Bei jeder kleinen Bewegung reibt sich ein Muskel am anderen und erzeugt Laute, die entlang den Unterarmknochen zur Hand übertragen werden. Sie können ihre Quelle nachprüfen, indem Sie zunächst mit etwas entspannten Armen lauschen, um eine Grundschallstärke herzustellen, und dann Ihre Fäuste und Unterarme anspannen, um den Laut vielfach verstärkt zu vernehmen.

Würde ein Gorilla dieses Experiment durchführen und auf seine Muskeln lauschen, dürfte die Lautstärke des Brummens erheblich größer sein, weil die Fingermuskeln einer Gorillahand ziemlich kräftig sind – im Gegensatz zur menschlichen Hand, wo sich die Muskeln, die die Finger bewegen, größtenteils in den Unterarmen befinden, von denen aus sich sehr lange Sehnen zu den Händen hin erstrecken.

139. Der Schall in einem Rohr

Jede Welle wird teils reflektiert, teils übertragen und teils absorbiert, wenn sich der Widerstand gegen ihre Bewegung ändert. Eine Schallwelle wird von einer festen Wand reflektiert, weil die plötzliche Zunahme der Dichte eine Veränderung des Widerstands erzeugt. Unterschiedliche Materialien bewirken unterschiedliche Phasenänderungen bei der reflektierten Welle im Vergleich zur ursprünglichen Welle.

Gelangt eine Schallwelle, die sich im Rohr bewegt, an das offene Ende, wird sie teilweise reflektiert. Ein Verdichtungsbereich am offenen Ende dehnt sich nach außen aus und erzeugt somit einen Unterdruck – also eine Verdünnung. Die Umgebungsluft wird in diesen Bereich gedrückt, um einen Verdichtungsbereich aufzubauen, der sich ins Rohr zurückbewegt. Die gegenteiligen Effekte treten auf, wenn eine Verdünnung das Rohrende erreicht.

Tatsächlich ist die dynamische Länge L' des Rohrs an jedem offenen Ende etwa um ein Drittel des Durchmessers D dieses offenen Endes länger, falls man die einfache Formel anwenden will, die die Resonanzwellenlänge λ mit der physikalischen Rohrlänge L in Beziehung setzt. Das heißt, statt der Formel $2L = n\lambda$ sollte man $2L' = n\lambda$ anwenden, wobei $L' = L + 2D/3$, und dann sind die Resonanztöne ein wenig tiefer, als man es nach der ersten Formel erwarten würde.

140. Hellhörige Sommernächte

Schall pflanzt sich in warmer, trockener Luft besser fort als in kühler, trockener Luft. In warmer Luft sind die durchschnittlichen Molekulargeschwindigkeiten größer, sodass die Moleküle eher zu ihren Nachbarn gelangen und so die Schallverdichtung schneller erfolgen kann. Im Sommer, wenn die Lufttemperatur höher als die Wassertemperatur ist, kommt es zu einer Temperaturinversion: Mehrere Meter über dem Wasser kann die Lufttemperatur niedriger sein als über dieser Schicht. Diese Temperaturinversion reflektiert die sich nach oben bewegende Schallenergie zum Wasser zurück, und die ruhige Wasseroberfläche reflektiert die Schallwelle wieder nach oben und so fort. Somit pflanzt sich der Schall größtenteils innerhalb einer dünnen Luftschicht eine weite Strecke über der Wasseroberfläche fort. Die Lautstärke des Schalls, der an einem fernen Ort vernommen wird, hängt von mehreren Faktoren ab, wie der Wellenlänge, der ursprünglichen Lautstärke und dem effektiven Reflexionskoeffizient der Temperaturinversion.

141. Kanonenfeuer

Für das akustische Phänomen, das in der Nähe von London auftrat, gibt es mehrere mögliche Erklärungen.
Wenn die Zone der Stille die Schallquelle in einem gewissen Radius völlig umgibt, aber der Schall in größeren Entfernungen in allen Richtungen gehört wird, bedarf es einer speziellen Erklärung. In diesem Fall könnte man vermuten, dass es hoch oben in der Atmosphäre eine Temperaturinversion gab. Das Abfeuern der Kanonen sendet eine halbkugelförmige Wellenfront aus, die sich ausdehnt, so sie über dem Boden aufsteigt. Wenn die Lufttemperatur mit zunehmender Höhe abnimmt, wie dies normalerweise der Fall ist, wird die Welle vom Boden weggebeugt. Gewöhnlich wird dann genügend Schall zur Oberfläche

zurückgebeugt, insbesondere bei kleineren Wellenlängen, sodass das Kanonenfeuer ohne weiteres über ein größeres Gebiet um die Schallquelle herum vernommen werden kann. Aber während sich die Welle nach oben fortpflanzt, ist die Chance geringer, dass der gebeugte Schall den Boden erreicht, weil die Entfernung zunimmt, und über einen gewissen Radius um die Schallquelle hinaus wird es eine Zone der Stille geben.

Wenn diese Schallwelle eine Höhe von 10 bis 15 Kilometern erreicht, nimmt die Lufttemperatur nicht mehr ab, sondern beginnt mit der Höhe langsam zuzunehmen, und zwar bis zu einem Maximum in etwa 50 Kilometer Höhe. In dieser Zone nimmt die Temperatur zu, weil sie von der ultravioletten Strahlung der Sonne erwärmt wird. Die intensive ultraviolette Strahlung wird von der Ozonschicht absorbiert, die uns davor schützt, dass unsere Haut verbrutzelt. (Ein wenig UV-Strahlung gelangt aber durch – sonst könnten wir unsere Haut nicht bräunen.)

Wenn die Schallwelle auf die wärmere Luft trifft, wird sie davon weggebeugt und pflanzt sich wieder zum Boden hin fort. Nur eine geringe Menge Schallenergie übersteht allerdings diese lange Reise zum Boden zurück, weil sie sich geometrisch im Raum immer weiter ausbreitet und von der Luft absorbiert wird. Bei günstigen atmosphärischen Bedingungen können große Explosionen und Artilleriefeuer noch in größerer Entfernung gehört werden.

142. In den Wind sprechen

Der Wind kann den Schall nicht zurückblasen – es sei denn, er erreicht Schallgeschwindigkeit! Tatsächlich hebt der Wind den Schall auf der Windseite nach oben, sodass die Schallenergie größtenteils über Ihren Kopf hinweggeht. In der ersten Zeichnung addieren sich die Schall- und die Windgeschwindigkeit vektoriell. (Der Anschaulichkeit halber ist der Vektor der Windgeschwindigkeit übertrieben lang dargestellt.)

An den meisten Tagen nimmt die Lufttemperatur mit zunehmender Höhe über dem Boden ab, weil die Luft größtenteils vom Boden und nicht direkt von der Sonne erwärmt wird. Schallwellen krümmen sich von wärmerer Luft weg, sodass das Muster der Schallstrahlen, die von einer punktförmigen Schallquelle über dem Boden ausgehen, so wie in der zweiten Zeichnung aussieht – insofern Windstille herrscht. Die dunkleren Bereiche auf beiden Seiten der Quelle stellen Schallschatten dar, in denen nur sehr wenig Schall zu hören ist.

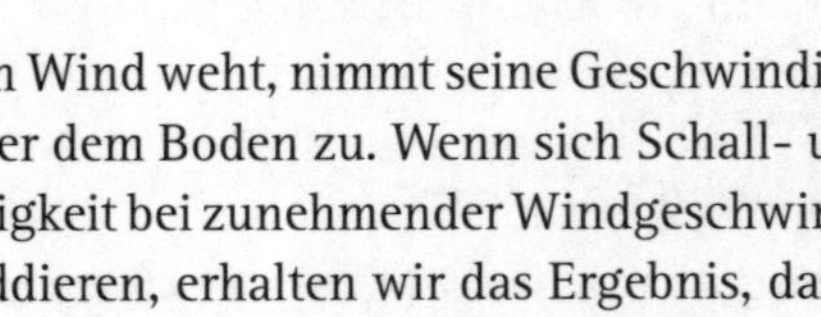

Wenn ein Wind weht, nimmt seine Geschwindigkeit mit der Höhe über dem Boden zu. Wenn sich Schall- und Windgeschwindigkeit bei zunehmender Windgeschwindigkeit vektoriell addieren, erhalten wir das Ergebnis, das in der dritten Zeichnung dargestellt wird. Auf der Windseite tritt zwar ein Schallschatten auf, aber etwas Schall wird in den Schatten gebeugt, besonders in den niedrigeren Frequenzen. Höherfrequenter Schall, wie er auch beim Sprechen entsteht, gelangt praktisch nicht in den Schattenbereich. Ohne die vorwiegend mit Konsonanten verbundenen höheren Frequenzen kann man gesprochene Worte nicht verstehen. Somit bewirkt der Wind zweierlei: er verringert die Lautstärke und unterdrückt die höheren Frequenzen.

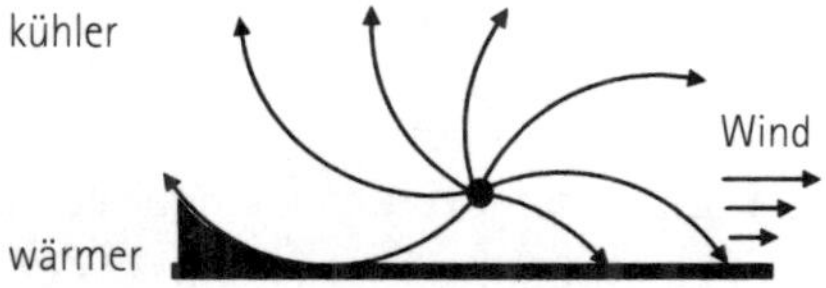

143. Nebelhörner

Tiefe Töne sind in größeren Entfernungen besser zu hören als höhere Töne. Wenn Schallwellen übertragen werden, wird ein Teil ihrer Energie in Wärmeenergie umgewandelt, wobei die Umwandlungsgeschwindigkeit bei den höheren Frequenzen größer ist. Schiffe benötigen auf See viel Raum für Kursänderungen, wenn sie einer Gefahr ausweichen müssen. Daher verbreiten Nebelhörner immer tiefe Töne, damit sie über Wasser kilometerweit zu hören sind.

144. Jodlerfreuden

Unter normalen atmosphärischen Bedingungen nimmt die Lufttemperatur mit zunehmender Höhe ab. Somit nimmt auch die Schallgeschwindigkeit in der Luft mit der Höhe über dem Boden ab. Die in Bodennähe entstehenden Schallwellen breiten sich von der Schallquelle in alle Richtungen aus und biegen schließlich vom wärmeren Boden nach oben ab – zum Ballonfahrer oder Bergsteiger hinauf. Schallwellen, die in der Höhe vom Bergsteiger oder Ballonfahrer erzeugt werden, breiten sich zunächst von der Schallquelle in alle Richtungen aus, aber sie werden auch vom Boden weggelenkt, den sie daher oft überhaupt nicht erreichen.

Es gibt noch zwei weitere Nebeneffekte: 1. Der Ballonfahrer oder der Bergsteiger erzeugt Laute in Luft von etwas geringerer Dichte als am Boden, sodass die Energie dieser Schallwellen geringer als die Energie von Schallwellen ist, die von Menschen am Boden erzeugt werden. 2. Der Ballonfahrer befindet sich auch in einer Region der Stille, während Menschen auf dem Boden von Lauten überflutet werden, sodass es schwieriger ist, die Stimme des Ballonfahrers vor dieser Geräuschkulisse wahrzunehmen.

145. Stimmgabelcrescendo

Die zwei Zinken erzeugen Schallwellen mit entgegengesetzter Phase. Die beiden Wellen heben einander praktisch auf, wenn die Zinken in einer Ebene senkrecht zur Ebene des Ohrs schwingen. Werden die Zinken um ein Viertel gedreht, schwingen sie in einer Ebene parallel zur Ebene des Ohrs, und die beiden Schallwellen verstärken einander – es entsteht ein lauterer Ton. Dreht man die Stimmgabel sacht weiter, wird die Lautstärke langsam schwächer.

146. Hört, hört!

Nein. Der von Rednern ausgehende Schall wird teilweise von den Wänden und der Decke reflektiert, der Rest wird absorbiert. Eine Frau spricht im Allgemeinen in einer höheren Tonlage, und höhere Töne werden stärker absorbiert als tiefere Töne. Daher werden Bass- und Tenortöne häufiger reflektiert, sodass ein Redner weniger Energie aufwenden muss, um den Raum mit seiner Stimme auszufüllen. Allerdings muss er langsamer sprechen und vermeiden, dass sein nächstes Wort gleichzeitig mit dem Ende seines letzten Wortes beginnt, das vielleicht noch durch den Raum fliegt!

147. Gummi und Blei

Die Schallgeschwindigkeit in einem Material hängt sowohl von der Dichte wie von der Elastizität ab: Die Schallgeschwindigkeit ist gleich der Wurzel aus Elastizität geteilt durch Dichte. Blei hat einen sehr geringen Elastizitätswert. Kühlt man Blei ab, kann sich seine Elastizität erheblich verbessern. Gummi ist aufgrund seiner extremen Nachgiebigkeit und seiner besonderen chemischen Struktur eine weitere Ausnahme – beide Merkmale sorgen dafür, dass die Schallenergie leicht absorbiert wird.

Da beide Materialien eine niedrige Schallgeschwindigkeit aufweisen und Schallenergie nicht effizient übertragen können, werden die Apparate in vielen Forschungslabors durch Sandwichschichten aus Blei und Gummi gegen Fußbodenschwingungen isoliert.

148. Heliumrede

Die Frequenzen der Stimmlippen in der menschlichen Luftröhre sind unabhängig von dem sie umgebenden Gas – entscheidend sind ihre Masse und ihre Spannung. Während das Frequenzspektrum beim Einatmen von

Helium gleich bleibt, verstärkt die Mundhöhle Harmonien selektiv durch Resonanz, wobei die Tonstärken verändert werden, ohne dass sich die Frequenzen verändern. Das gleiche Resultat erzielen Sie, wenn Sie den Höhenregler Ihrer Stereoanlage aufdrehen.
Ein Heliumatom ist weniger schwer als andere Arten von Molekülen in Luft, außer dem Molekül des Spurenelements Wasserstoff, H_2, und die Schallgeschwindigkeit ist in Heliumgas größer als in Luft. Bei einer Schallwelle gilt: Frequenz = Geschwindigkeit/Wellenlänge. Somit haben Töne mit der gleichen Wellenlänge auch eine höhere Frequenz in Helium als in Luft.

149. Ihr Einsatz, Maestro!

Die erste Deckenkonstruktion, mit dem gewölbten Reflektor, hat eine bessere Akustik. Wenn der Hörer den ersten reflektierten Schall weniger als 50 Millisekunden nach dem direkten Schall vernimmt, wird der reflektierte Schall im Allgemeinen den direkten Schall verstärken – ein angenehmer Effekt. Beträgt die Verzögerung 50 Millisekunden oder mehr, wird der Hörer die Reflexion als Echo vernehmen, das den direkten Schall stört. Aufgrund der Absorption der Schallenergie spielen vielfache Reflexionen eine geringere Rolle.

150. Die Maus, die brüllte

Eine Maus könnte zwar niederfrequente Laute in ihrer Mundhöhle erzeugen, doch ihre Stärke wird von zwei Faktoren sehr begrenzt: der geringen Luftmenge, die im Mundinneren bewegt wird, und dem extremen Missver-

hältnis zwischen der Größe der Schallwellenlänge und der größten linearen Dimension der Mundhöhle der Maus. Hohlraumresonanzeffekte, die dem armen Mäuschen zu einer so genannten Stentorstimme verhelfen würden, wären praktisch nicht vorhanden. Die Schallintensität hängt vom Quadrat der Frequenz ab – man muss also schon ein erheblich größeres Luftvolumen bei niedrigeren Frequenzen bewegen, um eine entsprechende Schallintensität wie bei höheren Frequenzen zu erreichen (Hinweis: Schallintensität und Lautstärke sind nicht identisch. Siehe auch Antwort 167). Die Maus aber kann kein großes Luftvolumen bewegen!
Der Elefant hingegen kann hochfrequente Laute von sich geben, und zwar durch mehrere Mechanismen, zum einen mittels einer kleinen Resonanzhöhle in Mund oder Nase und zum anderen durch ein nichtlineares Schwingungsverhalten, das zur Anregung von Obertönen (so genannten ›höheren Harmonischen‹) führt.

151. Jede Menge Basstöne

Das menschliche Sprechen besteht sowohl aus den tiefsten Grundtönen wie aus ihren Harmonischen – also ganzzahligen Vielfachen dieser Grundfrequenzen. Das menschliche Ohr-Hirn-System nimmt nicht nur die in einer Schallwelle vorhandenen Frequenzen wahr, sondern erzeugt auch neue Frequenzen, die die Summen und Differenzen dieser ursprünglich vorhandenen Frequenzen sind. Diese Fähigkeit bildet sich in den meisten Systemen aus, die nichtlineare Reaktionen auf Inputsignale aufweisen. Die Basstöne, die man im Schall aus einem Telefonlautsprecher vernimmt, ergeben sich aus den Differenzfrequenzen.

152. Differenztöne

Wenn zwei Töne zusammen angestimmt werden, hört man oft einen dritten, tieferen Ton. Diesen Unterton nennt man einen Differenzton oder Tartini-Ton, nach dem italienischen Geiger, der ihn 1714 zuerst beschrieben hat. Wenn die beiden Originaltöne die Frequenzen f_1 und f_2 haben ($f_2 > f_1$), dann hat dieser Differenzton eine Frequenz von $f_2 - f_1$. Man kann auch den kubischen Differenzton $2f_2 - f_1$ hören, mit einiger Mühe sogar noch andere Differenztöne. Diese Differenztöne beruhen auf der nichtlinearen Reaktion des menschlichen Ohr-Hirn-Systems, wo der lineare Reaktionsterm um einen quadratischen Reaktionsterm ergänzt wird. Die Chormusik tibetischer Mönche zum Beispiel enthält manchmal Stimmen um die 600 Hertz, 800 Hertz, 1000 Hertz und 1200 Hertz, und dann hört man viele Differenztöne.

153. Gesangsstars unter der Dusche

Gutes Singen ist auf Resonanzen angewiesen. Der Ton entsteht, wenn Luft aus der Lunge durch die Stimmlippen in der Luftröhre gedrückt wird. Die Frequenz der ausgestoßenen Luft richtet sich nach der Spannung der Stimmlippen. Der Ton ist eine harmonische Reihe von Schallwellen, die die Grundfrequenz und die höheren Harmonischen umfasst, wobei der Grundton am stärksten ist. Wenn diese Schallwellen den Stimmapparat passieren, der aus Kehle, Rachen und Mund besteht, werden die Frequenzen, die den Resonanzfrequenzen des Stimmapparats am nächsten kommen, lauter als die anderen sein. Ein guter Sänger kann die Übereinstimmung auf mehrere Arten erzielen, nämlich indem er die Spannung in den Stimmlippen anpasst oder aber indem er die Form des Stimmapparats variiert und dadurch von der Verstärkung profitiert, die sich aus der Resonanz ergibt. Ohne die Hilfe der Resonanzen müsste man vielleicht schreien, um bei diesen Frequenzen vom Publikum gehört zu werden!

Unter der Dusche kommen dem ungeübten Sänger die Resonanzen zugute, die zwischen den Oberflächen des Duschgehäuses erzeugt werden. Eine geschlossene Dusche hat im Prinzip drei Resonanzrichtungen: 1. zwischen Fußboden und Decke, 2. zwischen Vorder- und Rückwand und 3. zwischen den beiden Seitenwänden (wobei wir hier die Duschtür oder den Duschvorhang als Wand verstehen). Zwischen jedem Wandpaar kann sich eine stehende Welle der Schallresonanz bilden, wobei sich die Schwingungsbäuche an den Wänden und ein Druckknoten im Zentrum für die Grundfrequenz in dieser Richtung befinden. Die zweite Harmonische – die *doppelte* Grundfrequenz – hat drei Schwingungsbäuche und zwei Knoten. Nach der Gleichung Frequenz = Geschwindigkeit/Wellenlänge kann man einige der Resonanzfrequenzen vorhersagen, wenn man weiß, dass die Wellenlänge des Grundtons etwa doppelt so groß ist wie die Entfernung zwischen den reflektierenden Oberflächen. Bei einer Entfernung zwischen Boden und Decke von 2 Metern beispielsweise ist die Wellenlänge des Grundtons 4 Meter bei einer Frequenz von 86,5 Hertz, wobei die Schallgeschwindigkeit 346 Meter pro Sekunde beträgt.

Um den Grundton hervorzubringen, darf man nicht dort stehen, wo sich der Knoten mutmaßlich befindet – in der Nähe des Zentrums. Man muss näher zu einer Wand stehen – also näher zum Schwingungsbauch. Die zweite Harmonische sowie alle anderen geraden Harmonischen können aus dem Bereich um die Mitte angestimmt werden. Wie gut der Klang wirkt, hängt von mehreren Faktoren ab: dem Standort der Ohren und des Mundes (der Schallquelle) und den Verzerrungen des Schalls durch Kopf und Körper. Der Sänger muss sich in der Dusche umherbewegen, bis der Klang angenehm wirkt. Normalerweise schafft man in der Dusche am besten die dritte, vierte, siebte und achte Harmonische. Natürlich müssen alle drei Richtungen gleichzeitig berücksichtigt werden, denn höhere Harmonische können in einer der anderen Richtungen Resonanzen erzeugen. Toi, toi, toi!

154. An Holz kratzen

Das Geräusch ist sehr leise, wenn Sie es sich in der Luft anhören, weil sich die Schallenergie in alle Richtungen ausbreitet und aufgrund der geometrischen Faktoren nur ein geringer Bruchteil Ihre Ohren erreicht. Wenn Sie das Ohr direkt ans Holz halten, hören Sie ein lauteres Geräusch, weil das Kratzen einen Schall sowohl im Holz wie in der Umgebungsluft erzeugt. Die Schallenergie im Holz bleibt größtenteils im Holz, weil an der Schnittstelle von Holz und Luft eine große Impedanzfehlanpassung auftritt, sodass die Schallenergie größtenteils im Holz reflektiert und nur ganz wenig Schall in die Luft übertragen wird. Daher empfängt Ihr Ohr mehr Schallenergie aus dem Holz, wenn der Kontakt gut ist.

155. Das einfache Schnurtelefon

Leitung B, wenn der Becher genau umgekehrt zur traditionellen Anordnung befestigt ist. Denn so wird die Schwingungsoberfläche, der Becherboden, näher ans Ohr gebracht, sodass ein lauterer Schall entsteht. Probieren Sie es aus. Nun fragt man sich natürlich, ob nicht auch der Senderbecher umgedreht werden sollte ...

156. Überschallflugzeug

Fliegt ein Flugzeug mit Unterschallgeschwindigkeit, eilen ihm seine Schallwellen voraus, sodass sich die Luftmoleküle davor in Form von nichtkonzentrischen Kugeln ausbreiten, die in Vorwärtsrichtung dichter beieinander sind als in Rückwärtsrichtung.
Wenn ein Flugzeug mit Überschallgeschwindigkeit fliegt, werden die Luftmoleküle sozusagen nicht im Voraus gewarnt. Tatsächlich werden an der Vorderkante des Flugzeugs Stoßwellen erzeugt, die alle einer Vereinigung zustreben in zwei scheinbaren Schallquellen: in der Nähe der Nase und in der Nähe des Hecks. Folglich treten am Überschallflugzeug mehr Turbulenz und ein größerer Luftwiderstand auf, und die Vorderkanten erhitzen sich stärker. Besondere Tragflächenkonfigurationen reduzieren die Schwingungen, und mit Hilfe von Spezialmetallen und Sondermaterialien wird ein besseres Verhalten bei den höheren Temperaturen erzielt.
Wenn sich die beiden Stoßwellen nach unten zum Beobachter auf dem Boden fortpflanzen, lässt die erste Stoßwelle, von der Nase des Flugzeugs, den Luftdruck plötzlich ansteigen. Dann fällt der Luftdruck unter den atmosphärischen Druck ab, wenn die Stoßwelle vom Heck eintrifft, und steigt dann wieder plötzlich an. Daher die beiden Knalle, bei jedem plötzlichen Druckanstieg.

157. Das singende Weinglas I

Es entstehen zwei etwas unterschiedliche Töne. Wird das Glas gerieben, dann wird hauptsächlich der niedrigste »Glockenmodus«, der 2,0-Modus, mit zwei Knotenmeridianen erzeugt. Klopft man ans Glas, werden viel mehr von diesen »Glockenmodi« ausgelöst, unter anderem der 3,0-Modus und höhere.

158. Das singende Weinglas II

Probieren Sie es einfach aus! Die Frequenz des Tons nimmt ab, obwohl die Luftsäule kürzer wird. Denn die Schwingungen der Glaswand müssen mehr Masse bewegen, nämlich sich selbst und das hinzugefügte Wasser, wodurch die Trägheit zunimmt.

159. Glockenläuten für Anfänger

Im Unterschied zu den meisten Streich- und Blasinstrumenten haben Glocken Obertöne, die nicht harmonisch sind – das heißt, sie sind keine ganzzahligen Vielfachen der Grundfrequenz. Diese Obertöne erzeugen unangenehme Schwebungen, entweder untereinander oder mit einem der Grundtöne.

160. Wie man in den Wald hineinruft ...

Damit das Echo um eine Oktave höher sein kann, muss die Wellenlänge des Originalschalls größer als der Abstand zwischen den Bäumen sein, die die Streuzentren darstellen. Unter dieser Bedingung kommt es zur Rayleigh-Streuung (kohärente Streuung) der Schallwellen, und die Streuungsstärke ist proportional der *vierten* Potenz der Frequenz. Entsprechend wird die zweite Harmonische, also der Oberton mit der doppelten Frequenz, sechzehn Mal stärker gestreut als der Grundton und somit kann das Echo dominieren.

161. Bassverstärker

Die Empfindlichkeit des menschlichen Ohrs variiert mit der Frequenz und der Qualität des Tons. Die Physiker H. Fletcher und W. A. Munson haben vor vielen Jahren schon Kurven der gleichen Lautstärke ermittelt, und ihre Messungen beweisen die relative Unempfindlichkeit des menschlichen Ohrs gegenüber niederfrequenten Tönen bei mäßiger bis geringer Lautstärke. Die Hörempfindlichkeit erreicht ihren Spitzenwert zwischen 3000 und 5000 Hertz, also nahe der Resonanzfrequenz des äußeren Gehörgangs. Daher muss der Bass aufgedreht werden, wenn die Lautstärke der Stereoanlage leiser gestellt wird.

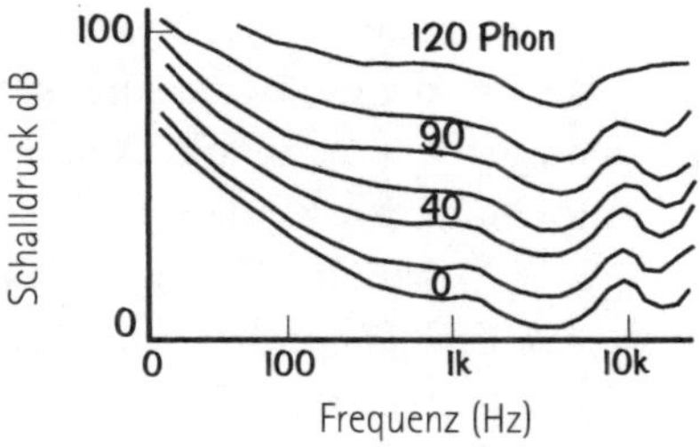

162. Persönliche Botschaft

Man kann mehrere kleine Lautsprecher innerhalb eines Radius von einem Meter oder weniger aufstellen, um die niederfrequente Sprachbotschaft mit Hilfe eines hochfrequenten Tonträgers zu übertragen. Dabei kann die Anordnung die Phasenbeziehungen der Lautsprecher nutzen, um einen gebündelten Strahl zum gewünschten Empfänger in der Menge zu senden. Der minimale Fokusdurchmesser beim Empfänger wird aufgrund der Wellendynamik die Trägerwellenlänge sein.

163. Die endlose Musiktreppe

Der menschliche Geist neigt dazu, Verknüpfungen eher zwischen Elementen herzustellen, die nahe beieinander liegen, als zwischen Elementen, die weit auseinander sind. So hilft uns der menschliche Sehsinn beispielsweise dabei, Gruppen von Punkten, die nebeneinander liegen, als Einheiten wahrzunehmen, wie zum Beispiel das Bild, das wir auf dem Fernsehbildschirm erblicken. Unser Sehsinn lässt uns auch empfindlicher auf benachbarte Lichter reagieren, die an und aus gehen, als auf Bilder, die weiter auseinander sind. Auch der menschliche Hörsinn verhält sich so, dass wir Töne der Tonleiter besser erkennen, die näher beieinander liegen, als Töne, die weiter auseinander liegen. In der Akustik hat man entdeckt, dass die zwölf Noten einer Oktave oft so wahrgenommen werden, als existierten sie in einem Kreis, dem so genannten Tonabstandskreis. Werden zwei Folgen von drei Tönen aus dem Tonabstandskreis der Oktave hintereinander gespielt, werden verschiedene Zuhörer sie unterschiedlich hören. Wenn man zunächst D und B gleichzeitig spielt, dann E und A, dann F und G, werden manche Zuhörer die Folge BAG in einer höheren Tonlage als DEF hören, andere Zuhörer hingegen werden BAG als tiefere Töne im Vergleich zu DEF wahrnehmen.

*164. Die Klingel unter der Glasglocke

Auf den ersten Blick könnte man zwar glauben, hier werde demonstriert, dass Schall bei niedrigem Druck nicht durch ein Gas übertragen werden kann. Die Übertragung des Schalls findet von der Klingel auf die verdünnte Luft und von dort auf die Glasglocke statt. Diese Übertragung wird ineffizient. Schall pflanzt sich nämlich durch ein Gas gut fort, solange die Schallwellenlänge im Vergleich zur mittleren freien Weglänge der Luftmoleküle groß ist. Selbst bei 1000 N/m^2 (10^{-2} Atmosphären) beträgt die mittlere freie Weglänge etwa 10^{-3} cm, also viel weniger als die ungefähr 10 cm große Wellenlänge der Klingeltöne.

Das eigentliche Problem besteht somit darin, dass immer weniger akustische Energie von der Klingel an die Luft und von der Luft an das Glas der Glocke übertragen wird. Wie viel Schallenergie übertragen und wie viel reflektiert wird, hängt von den akustischen Impedanzen der beiden Medien ab. (Die akustische Impedanz ist der Widerstand gegen den Strom der akustischen Energie.) Die übertragene Menge beruht auf dem Verhältnis Z_1/Z_2 der akustischen Impedanzen, und hier ist $Z = \rho\upsilon$, wobei ρ die Dichte des Mediums und υ die Schallgeschwindigkeit im Medium ist. Wenn $Z_1/Z_2 = 1$, wird der gesamte Schall übertragen und kein Schall reflektiert. Selbst bei normalem Luftdruck ist die Impedanz der Luft viel geringer als die von Glas oder Metall, und das Verhältnis wird immer kleiner, wenn der Druck reduziert wird.

*165. Ein gut gestimmtes Klavier

Die westliche Musik basiert auf Tonleitern, die anhand bestimmter ganzzahliger Frequenzverhältnisse zwischen aufeinanderfolgenden Tönen definiert werden. Im so ge-

nannten natürlichen oder idealen System, das schon auf Pythagoras zurückgeht, sehen die Verhältnisse innerhalb einer Oktave folgendermaßen aus:
Diese Tonleiter lässt sich nach oben in die nächste Oktave verlängern, indem man einfach alle Zahlen verdoppelt, oder nach unten verlängern, indem man sie halbiert. Ein Klavierstimmer könnte alle weißen Tasten auf einem Klavier nach dieser Abfolge von Tönen stimmen, und dann könnten Sie alle möglichen einfachen Musikstücke spielen.

C	D	E	F	G	A	B	C
1,000	1,125	1,250	1,333	1,500	1,667	1,875	2,000
24/24	27/24	30/24	32/24	36/24	40/24	45/24	48/24

Nehmen wir an, Sie möchten eine einfache Melodie, die normalerweise mit C beginnt, auf neue Weise spielen, indem Sie mit dem nächsten Ton der Tonleiter beginnen – dem Ton D. Das Ergebnis wäre merkwürdig, weil die nun gespielte Melodie nicht wie die ursprüngliche Melodie klingen würde. Die Diskrepanz wird noch größer, wenn wir mit einem Ton beginnen, der weiter von C entfernt ist. Dieses Problem wurde zufriedenstellend gelöst, als man vor über 250 Jahren das temperierte oder gleichschwebend gestimmte System einführte. Von diesem Zeitpunkt an können Sie nunmehr jede Melodie gleich gut spielen, wenn Sie mit irgendeiner Note beginnen.
Bei der temperierten Tonleiter wird die Oktave in zwölf gleich große Halbtonintervalle eingeteilt, sodass jeweils

	C	C#	D	D#	E	F	F#	G	G#	A	A#	B	C
Verhältnis	1,000	1,0595	1,1225	1,1892	1,2600	1,3348	1,4142	1,4983	1,5874	1,6818	1,7818	1,8877	2,0000
Frequenz	261,63	277,18	293,66	311,13	329,63	349,23	369,99	391,99	415,31	440,00	466,16	493,88	523,25
Ideales Tonleiter Verhältnis	1,000		1,1250		1,2500	1,333		1,5000		1,6666		1,8750	2,0000

zwei aufeinanderfolgende Halbtöne das gleiche Frequenzverhältnis haben. Da jeder Ton mit der doppelten Frequenz des gleichen Tons eine Oktave tiefer schwingen muss, beträgt das Halbtonverhältnis von Note zu Note die zwölfte Wurzel von 2, nämlich 1,05946. Diese Lösung ergibt eine kontinuierliche geometrische Folge auf der gesamten Tastatur, und die C-Tonleiter richtet sich annähernd nach den Frequenzen (in Hertz), wie sie in der Tabelle angegeben sind.

Auf einer Klaviertastatur unterscheidet der Klavierstimmer beim Stimmen nicht zwischen schwarzen und weißen Tasten – alle werden in einer gleichförmig ansteigenden Tonfolge arrangiert. Die beiden Farben und Formen der Tasten haben nur die Funktion, dass sich der Spieler auf der breiten Tastatur leichter zurechtfindet.

Letztlich stimmt zwar beim temperierten System die Tonfolge nicht präzise mit der natürlichen Tonleiter überein, aber sie stellt doch eine enge Annäherung an sie dar. Ja, das moderne Ohr hat sich (seit der Zeit von Bach im 18. Jahrhundert) so an die »Fehler« gewöhnt, dass dieses Stimmschema geradezu korrekt klingt!

*166. Zeltheringe in den Boden schlagen

Das ganz unterschiedliche Verhalten lässt sich neben der unterschiedlichen Härte der Materialien auch mit der Fehlanpassung der akustischen Impedanz jedes Materials mit der akustischen Impedanz des Bodens erklären. Die akustische Impedanz $Z = \rho \upsilon$, wobei ρ die Dichte des Mediums und υ die Schallgeschwindigkeit in diesem Medium ist. Der Hammerschlag baut im Hering vorübergehend eine Stoßwelle auf, und wenn sie das Ende des Herings erreicht,

das in Kontakt mit dem Boden ist, wird ein Teil der Welle reflektiert und ein Teil in den Boden übertragen. Wenn das Verhältnis der akustischen Impedanzen $Z_1/Z_2 = 1$ ist, wird die gesamte Energie übertragen, und keine Energie wird reflektiert. Diese übertragene Welle bricht im Allgemeinen den Boden auf.
Bei Stahl ist die Fehlanpassung viel größer als bei Holz. Im Stahl wird die Welle also an der Schnittstelle zum Boden größtenteils reflektiert, und der vom Hammer vermittelte Impuls wird größtenteils im Hering bleiben. Der Stahlhering erreicht auf diese Weise eine hohe Geschwindigkeit und dringt in den Boden ein.

*167. Lautstärke

Eine Verdoppelung des Schallintensitätspegels bewirkt normalerweise nicht, dass der wahrgenommene Schall sich für das Ohr-Hirn-System doppelt so laut anhört, und zwar deshalb, weil sich die menschliche Lautstärkereaktion nicht nach der traditionellen logarithmischen Dezibelskala richtet. Bei unterschiedlichen Frequenzbereichen von Schall misst man unterschiedliche Reaktionen auf eine Lautstärkeveränderung. Normalerweise benötigt man eine Erhöhung des Schallintensitätspegels zwischen 6 und 10, um die doppelte Lautstärke zu hören – das heißt, die subjektive Wahrnehmung unterscheidet sich erheblich von der Reaktion eines Schallintensitätsmessers, der einfach den Schalldruck registriert. Bei neueren Messgeräten wird diese unterschiedliche menschliche Reaktion auf unterschiedliche Frequenzen berücksichtigt – inzwischen gibt es Messgeräte, die sehr genau mit den menschlichen Reaktionskurven übereinstimmen.

Selbst wenn man nicht die menschliche Ohr-Hirn-Reaktion berücksichtigt, kann von der Tatsache ausgegangen werden, dass niederfrequenter Schall Wellen mit einer viel größeren Amplitude benötigt, damit er die gleiche Menge Schallenergie abgibt, weil die Menge der Energie pro Sekunde in jeder Welle proportional f^2A^2 ist, wobei f die Frequenz und A die Amplitude ist. Wenn man die Frequenz einfach verdoppelt, bedeutet das, dass die Schwingungsstrecke des Lautsprechers halb so groß sein kann bei der gleichen pro Sekunde abgegebenen Energiemenge, wenn die akustische Impedanz des Mediums gleich ist.

Gegensätze ziehen sich an

168. Ein Schaltkreis mit drei Lampen

Die Spannung an Lampe 3 wird null, also leuchtet sie nicht mehr. Die Lampen 1 und 2 leuchten heller als vorher, weil die Batteriespannung nun gleichmäßig auf zwei identische Lampen statt auf drei verteilt wird.

169. Kartoffelbatterie

Die kleine Glühbirne leuchtet nicht wahrnehmbar. Die Kartoffelbatterie hat zwar genügend Klemmenspannung, kann aber bei dieser Spannung nicht mehr als ein paar Mikroampere Strom abgeben. Eine LCD-Uhr läuft mit der Kartoffelbatterie, weil diese Uhr nur einen Mikroamperestrom benötigt.

170. Widerstandsnetze

Der Gesamtwiderstand jedes Stromkreises ist gleich. Daher benötigen beide gleich viel Strom.

171. Ein realer Kondensator

Nur ein isolierter idealer Kondensator könnte seine elektrische Ladung ewig halten. Ein realer Kondensator hat einen effektiven Widerstandswert an seinen Platten. Beispielsweise haben manche kleine 5-V/1-Farad-Kondensatoren eine Entladungszeit von rund fünf Sekunden. Dieser Wert ist ihre Widerstandskondensator-Zeitkonstante T, sodass der innere Widerstandswert $R = T/C$ oder $R = 5$ Ohm. Die meisten Kondensatoren haben eine viel längere Zeitkonstante.

172. Das Kondensator-Paradox

Nehmen wir an, die beiden Kondensatoren haben jeweils eine Kapazität C, und der geladene Kondensator A hat eine Spannung $V = CQ$. Die Energie in Kondensator A beträgt somit $^1/_2 CV^2$. Wenn die Kondensatoren miteinander verbunden werden, wird die Ladung gleichmäßig verteilt, sodass die Spannung auf $^1/_2 V$ absinkt. Die Gesamtenergie in den beiden Kondensatoren ist nun $C(V/2)^2$, also gleich $^1/_4 CV^2$. Diese Differenz der Gesamtenergie in den Kondensatoren ist die Quelle der Wärmeenergie, die den Widerstandsdraht erhitzt hat.
Der Strom erzeugt um den Draht ein Magnetfeld. Wenn der Strom oszilliert, strahlt er elektromagnetische Wellen aus, auch wenn der Widerstand verschwindet.

173. Ladungsabschirmung

Ja, indem Sie die Metallabschirmung gut erden. Vor dem Erden gab es auf der inneren und der äußeren Oberfläche der Metallabschirmung gleiche und entgegengesetzte Ladungen. Das Erden bewirkt, dass sich die Ladungen auf der Außenseite der Metallabschirmung über die größere Erdoberfläche ausbreiten, sodass sich die Menge der äußeren Ladung null nähert. Die innere Ladung an der Metallabschirmung wird dort von der entgegengesetzten Ausgangsladung gehalten, die abgeschirmt werden soll. Wenn man den Gauß'schen Satz auf die Abschirmung anwendet, ist die Gesamtladung im Inneren null.

174. Drei Kugeln

Man könnte vermuten, dass die drei Kugeln die gleiche Ladung haben. Befänden sich die drei Kugeln an den Ecken eines gleichseitigen Dreiecks, wobei drei Drähte die drei Paare verbänden, dann wäre diese Vermutung korrekt.

Doch die Anordnung der Kugeln weist eine zweiseitige Symmetrie um die mittlere Kugel auf, sodass die beiden Endkugeln den gleichen Ladungswert q haben. Die mittlere Kugel hat die Ladung q'. Das elektrische Potenzial V in der Mitte einer Kugel ist der Ladungswert q geteilt durch die Entfernung r zur Ladung, also $V = q/r$. Bei einer isolierten geladenen Kugel mit dem Radius R und der Ladung q ist das Potenzial $V = q/R$.

Bei unseren drei Kugeln ist das Potenzial in der Mitte der mittleren Kugel $V = (2q/50 \text{ cm}) + (q'/10 \text{ cm})$. Das Potenzial in der Mitte jeder Endkugel ist $V = (q/10 \text{ cm}) + (q'/50 \text{ cm}) + (q/100 \text{ cm})$. Wenn man diese Gleichungen löst, erhält man $q = 8Q/23$ und $q' = 7Q/23$. Diese Ladungsverteilung erhält das gleiche konstante Potenzial an allen drei Kugeln.

175. Induktive Ladungen?

Man kann das Elektroskop durch Induktion laden, das heißt, das zunächst geladene Objekt überträgt nichts von seiner Ladung auf das Elektroskop, weil die beiden Objekte nie miteinander in Kontakt stehen.
Nähern Sie den negativ geladenen Stab dem oberen Ende des Elektroskops: Die Blättchen des Elektroskops werden sich spreizen – ein Zeichen dafür, dass sie nun gleiche Ladungen haben, die sich abstoßen. Tatsächlich haben die Blättchen überschüssige negative Ladungen (abgestoßen vom oberen Ende durch den negativen Stab in der Nähe), und das obere Ende hat eine überschüssige positive Ladung. Achten Sie darauf, dass der negativ geladene Stab in der Nähe des oberen Endes des Elektroskops bleibt, während Sie eine Fingerspitze diesem oberen Ende nähern. Eine kleine Funkenentladung ist zu hören, und die Blättchen fallen zusammen – ein Zeichen dafür, dass die Blättchen keine überschüssige Ladung mehr haben, sondern neutral geworden sind. Entfernen Sie den Finger und dann den geladenen Stab. In diesem endgültigen Zustand sind die Elektroskopblättchen nun gespreizt und positiv geladen.

176. Parallele Ströme I

Ja. Die positiven Reste der Atome bewegen sich in der anderen Richtung, um identische Ströme und ihre Magnetfelder zu erzeugen.

177. Parallele Ströme II

Im System S' hat die Gesamtkraft zwei Komponenten: die Anziehung durch die beiden parallelen Ströme und die Abstoßung durch die elektrische Kraft. Anders als in dem Fall der zwei parallelen Strom führenden Drähte, wo es genauso viele negative wie positive Ladungen im Draht gibt, existieren in dem hier dargestellten Fall die entgegengesetzten Ladungen nicht. Die elektrische Abstoßungskraft ist stets stärker als die magnetische Anziehungskraft, bis die Geschwindigkeit die Lichtgeschwindigkeit erreicht – das aber ist unmöglich.

178. Dreht sich das Rad?

Das elektrische Feld um die Ladung *Q* ist an jedem Punkt exakt gleich, in der Luft ebenso wie im Öl. Ergebnis: kein Drehmoment.

179. Ladungsbahn

Nein. Die elektrische Kraft ist zwar tangential zur elektrischen Feldlinie, aber es gibt keine Zentripetalkraft. Die Testladungsbahn kann somit nicht der Feldlinie folgen.

180. Was zeigt das Spannungsmessgerät an?

Die Spannung an der 12-Volt-Batterie beträgt 12 Volt, egal, ob es durch den 4-Ohm-Widerstand einen Nettostrom gibt oder nicht.

181. Linearer Widerstand

Nein. Der Standardwiderstand verhält sich nur dann linear, wenn sein Stromverbrauch innerhalb seiner Nennleistung liegt – das heißt, wenn er innerhalb seines festgelegten Temperaturbereichs operiert. Durch Überhitzen des Widerstands wird sein Verhalten bei einer nichtlinearen Reaktion nicht mehr vorhersagbar.

182. Radioaktive Ströme

Das Magnetfeld verschwindet. Bei dieser kugelförmig symmetrischen Stromverteilung strahlen die Leitungsströme vom Zentrum nach außen, aber das Magnetfeld von jedem Stromstrahl wird von den Feldern der anderen Strahlen aufgehoben. Sonst würde die Quelle ja als Magnetmonopol fungieren, der ja, soweit wir wissen, nicht existiert.

183. Welcher Stab ist der Magnet?

Legen Sie die beiden Stäbe wie in der Zeichnung so hin, dass sie ein T ergeben. Wenn der Querbalken des T der Dauermagnet ist, gibt es zwischen den Stäben keine Anziehung.

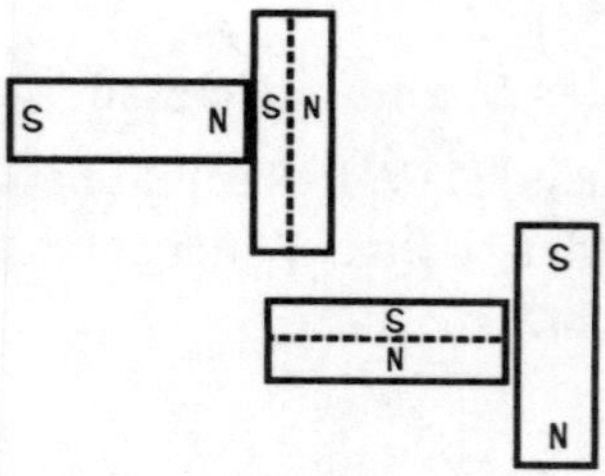

184. Wozu dient der Anker?

Ohne einen Anker wölben sich viele Magnetfeldlinien vom Nordpol zum Südpol des Magneten nach außen in den umgebenden Raum. Folgt man diesen Linien in das Material an beiden Polen, zeigt sich, dass ihre Richtungen nicht entlang den gewünschten Richtungen von Dauermagnetfeldlinien liegen, die die starken Pole ergeben. Ein Wärmeschock oder ein mechanischer Schock würde zu einer möglichen Streuung der Magnetbereiche führen, sodass sich dann etwas andere Richtungen für ihre minimalen Energiezustände ergäben. Diese schwächere fehlgeleitete Magnetisierung kann man mit einem Anker verhindern, der dafür sorgt, dass praktisch alle Magnetfeldlinien zwischen den Polen korrekt ausgerichtet sind.

185. Der Magnet

Wenn der Stab B an den Magneten gelegt wird, werden einige Magnetfeldlinien durch diesen Stab »kurzgeschlossen«, und damit verringert sich die Anzahl der Magnetfeldlinien durch das Band A. Die Anziehungskraft zwischen dem Band A und dem Magneten wird erheblich reduziert, und das Band fällt ab.

186. Magnetkugel

Wenn die Kugel wie beschrieben zusammengefügt würde, dann würde man feststellen, dass sie keine magnetischen Eigenschaften hat, weil sie während des Zusammenbaus entmagnetisiert worden wäre. Die Kugel ist bei allen Rotationen symmetrisch. Wenn durch irgendeinen Punkt der Kugel eine Feldlinie in einer bestimmten Richtung geht, müsste eine 180-Grad-Drehung um eine Achse, die diesen Punkt und den Kugelmittelpunkt verbindet, den ursprünglichen Zustand wiederherstellen. Die Drehung schafft dies nur dann, wenn durch den Punkt auch eine entgegengesetzte Magnetfeldlinie geht. Aber diese beiden gleich großen und entgegengesetzt gerichteten Feldlinien addieren sich zu einem Magnetfeld null. Quod erat demonstrandum.

187. Zwei Kompasse

Die beiden Kompasse verhalten sich wie zwei schwach gekoppelte Oszillatoren. Die Schwingung der zweiten Nadel nimmt ab, während die erste Nadel mit zunehmender Winkelverschiebung stärker schwingt. Dann kehrt sich die Energieübertragung um. Schließlich dämpft und stoppt die Reibung die Schwingungen.
Die zwei normalen Schwingungsmodi kann man beobachten, wenn man zunächst beide Kompasse schüttelt. Mit diesem System lassen sich viele komplexe Verhaltensmodi für gekoppelte Oszillatoren sichtbar machen.

188. Was bewirken Magnete?

Stellen Sie sich ein magnetisiertes Stück Draht vor, das in ein Magnetfeld gegeben wird, welches in der Zeichnung im Querschnitt dargestellt ist. Nehmen wir an, ein Strom fließt in den Draht zum oberen Rand der Buchseite hin. Auf die Elektronen, die den Strom bilden, wirkt eine Seitwärtskraft $F = -ev \times B$. Folglich neigen die Elektronen dazu, nach rechts zu driften. Ein Überschuss an Elektronen rechts und ein Defizit links werden an den nach rechts driftenden Elektronen eine Abstoßungskraft erzeugen. Dies nennt man den Hall-Effekt. Die Elektronen werden sich so lange auf der rechten Seite anhäufen, bis die Abstoßungskraft stark genug wird, um die Kraft des Magnetfelds auszugleichen, und dann wirkt keine Nettokraft mehr auf die Elektronen ein. Beachten Sie allerdings, dass die positiven Ionen des Metalls starre Positionen haben und keine Magnetkraft auf sie einwirkt, umso mehr sind sie daher der elektrischen Kraft aufgrund der Anhäufung der Elektronen auf der rechten Seite ausgesetzt. Diese elektrische Kraft zieht die Ionen nach rechts und erzeugt damit die Bewegung des Drahtes als Ganzes. Das Paradox löst sich, wenn man feststellt, dass die Bewegung des Drahtes durch ein elektrisches Feld und nicht durch ein Magnetfeld verursacht wird. Beachten Sie ferner, dass man den Draht nicht als ein geschlossenes System betrachten kann, weil Ladungen fortwährend an einem Ende des Drahtes eintreten und ihn am anderen wieder verlassen.

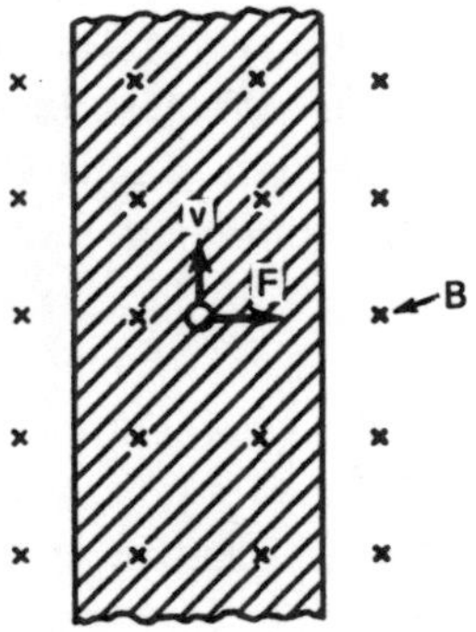

189. Elektrische Abschirmung

Ja. Ohne ein elektrisches Feld kann sich der Magnetfeldbestandteil einer elektromagnetischen Welle nicht fortpflanzen. Somit kann ein Faraday-Käfig – ein Gehäuse aus Maschendraht – verhindern, dass sich elektromagnetische Wellen in ihn hinein fortpflanzen, solange die Drahtlücken kleiner als die Wellenlänge sind.

190. Repulsionsspule I

Die elektromagnetische Kraft um den Schnurring wird genauso groß wie die Kraft um den Metallring sein. Allerdings wird der Schnurring nicht abgestoßen, weil es in ihm keinen Induktionsstrom und daher auch kein induziertes Magnetfeld gibt. Somit wird der Schnurring nicht schweben.

191. Repulsionsspule II

Im Prinzip entspricht der Metallring einem Stabmagneten, dessen Pole in entgegengesetzter Richtung zu den Polen der Repulsionsspule selbst zeigen. Die aufwärts gerichtete magnetische Abstoßungskraft muss größer als die abwärts gerichtete Schwerkraft sein, damit der Ring springen kann. Beim plötzlichen Einschalten ist diese Bedingung kurzfristig erfüllt.

192. Magnettonband

Das Tonband ist ein guter elektrischer Leiter, also breiten sich die elektrischen Ladungen gleichmäßig um das ganze Band aus. Die minimale Energieform wäre ein Kreis. Man kann dies demonstrieren, indem man das Band auflädt und in der Luft über einem elektrisch geladenen PVC-Rohr aufhängt.

193. Kelvin-Wassertropfer

Zunächst wird es eine ganz geringe Ladungsasymmetrie geben, und zwar aufgrund von kosmischer Strahlung, natürlicher Radioaktivität usw. Nehmen wir an, die Dose A sei in Bezug auf Dose B leicht negativ geladen. Das Wasser in den Düsen reagiert auf diesen Unterschied in den oberen Dosen, und gegen die elektrische Abstoßungskraft fallen positive Tropfen durch Dose A in die positiv geladene Dose C. Dose C wird nun noch mehr positiv geladen als zuvor. Der gleiche Prozess spielt sich auf der anderen Seite ab – hier wird Dose D noch mehr negativ geladen. Man sieht, wie die geladenen Tröpfchen einander abstoßen und zu einem Sprühnebel aus kleineren Tröpfchen zerplatzen, wenn sie sich den unteren Dosen nähern. Ja, wenn es zu einer plötzlichen Entladung kommt, erblickt man sogar Funken.

*194. Gegenelektromotorische Kraft

Nein. Die gegenelektromotorische Kraft (Energie pro Ladung) hat die Dimension einer Spannung, die den Motor zu mechanischer Arbeit *antreibt*.
Die Spannungsdifferenz V im Motor (Stromstärke I, Widerstand R) ist gleich der Summe des Wertes E der gegenelektromotorischen Kraft und des mit der erzeugten Wärme verbundenen Wertes des IR-Spannungsabfalls. Wenn wir die Situation vereinfachen, indem wir die Rei-

bung des Motors und die magnetische Hysterese ignorieren und annehmen, der elektrische Widerstand R sei temperaturunabhängig usw., so stellt E den mechanischen Energieausstoß pro Ladungseinheit dar. Wenn der Motor startet, ist $E = 0$, und der Strom I wird vom elektrischen Widerstand des Magnetankers begrenzt. Wenn es keine mechanische Last gibt, wird die Energie der gegenelektromotorischen Kraft in die mechanische kinetische Energie des Rotors umgewandelt, während dieser beschleunigt wird. Nimmt die Rotationsgeschwindigkeit zu, nähert sich E der angelegten Spannung V, und I geht gegen null. Schließlich fließt kein Strom, wenn sich der Motor dreht, und keine Energie wird umgewandelt.

Mit einer Last verlangsamt sich der Motor, sodass E abnimmt und I zunimmt. Die mechanische Leistung, die an die Last abgegeben wird, ist gleich EI.

*195. Achsensymmetrie

Es bewegt sich auf den geladenen Draht zu. Wenn die beiden Elektroden parallele flache Platten wären, würde sich das elektrische Feld gleichmäßig zwischen den Platten verteilen. Das neutrale Teilchen würde gleich stark in beide Richtungen gezogen werden, egal, wo es sich zwischen den Elektroden befindet.

Bei der Achsensymmetrie ist das elektrische Feld in der Nähe des zentralen geladenen Drahts viel stärker. Das neutrale Teilchen reagiert darauf, indem es sich nach innen zum Draht hin beschleunigt. Der Wert der elektrischen Kraft ist direkt proportional zur Polarisierbarkeit des neutralen Teilchens und zum Gradienten des elektrischen Feldes – das heißt, umso größer, je inhomogener das Feld

ist. Diesen resultierenden Anziehungseffekt nennt man Dielektrophorese.
Man kann diesen Effekt nutzen, um Teilchen mit unterschiedlicher Polarisierbarkeit zu trennen, zum Beispiel Pulver in Flüssigkeiten. Große Gradienten des elektrischen Feldes lassen sich leicht aufbauen, weil der Effekt genauso gut bei Wechselstromfeldern wie bei Gleichstromfeldern funktioniert.

*196. Der schwebende Kreisel

Dieses bemerkenswerte Spielzeug, das so genannte Levitron, besteht aus einem 22 Gramm leichten Dauermagneten als Kreisel, der etwa 3 Zentimeter über der magnetischen Basisplatte schwebt, solange er sich mehr als etwa 1000 Mal pro Minute dreht. Im Gleichgewicht ist die nach oben gerichtete magnetische Abstoßungskraft zwischen den beiden Dauermagneten in der Senkrechten gleich der abwärts gerichteten Schwerkraft – das heißt, dem Gewicht des Kreisels.
Der sich drehende Kreisel hat ein Impulsmoment um eine nahezu vertikale Achse. Wenn der Kreisel sich ein wenig neigt, beginnt er zu präzessieren statt umzukippen. Die Umdrehungsgeschwindigkeit beträgt jetzt etwa 1000 Umdrehungen pro Minute. Auch eine zu große Umdrehungsgeschwindigkeit führt zu Problemen!
Eine horizontale Drift wird durch die Krümmung der Basisplatte begrenzt, sodass ihr Magnetfeld einen Gradienten im Bereich des Kreisels hat, und die Rückstellkraft reicht aus, um den Kreisel zur Mitte zurückzudrücken.

*197. Die schwebende Maus

Ein Magnetfeld von einigen Tesla kann nichtmagnetische Materialien wie einen Wassertropfen oder sogar eine Maus heben und schweben lassen. 1939 ließ man zum ersten Mal Grafitperlen schweben. 1991 begann man mit der Parade von Levitationen größerer Objekte.
So gering sie auch sein mag, alle Materialien weisen eine magnetische Reaktion auf. Sogar eine Maus hat eine magnetische Suszeptibilität, die nicht gleich null ist! Jedes Lehrbuch über Elektromagnetismus enthält die stichhaltige Formel.

Glossar

Bernoulli'sche Gleichung Der Schweizer Mathematiker und Physiker Daniel Bernoulli (1700–1782) entdeckte, dass die Beziehung zwischen Druck und Geschwindigkeit in strömenden Medien konstant ist. Die von ihm formulierte Gleichung lässt sich auf zahlreiche Strömungseffekte anwenden.

Brechzahl Sie ist charakteristisch für ein durchsichtiges Medium und wird definiert als das Verhältnis der Lichtgeschwindigkeit im Vakuum zur (geringeren) Lichtgeschwindigkeit im Medium.

Elektroskop Gerät zum Nachweis elektrischer Ladungen.

Hysterese Das »Nachhinken« einer Messgröße hinter einer anderen, mit ihr verbundenen Messgröße, etwa der Magnetisierung eines ferromagnetischen Stoffes hinter der Stärke des Magnetfeldes.

Impedanz Bezeichnung aller Widerstände gegen einen zeitlich veränderlichen Energietransport. Impedanzen verschieben den zeitlichen Verlauf einer Wirkung und treten vor allem in der Elektrotechnik, der Akustik und der Hydrodynamik auf.

Kinetische Energie ist die Energie, die in einem sich bewegenden Körper oder System steckt. Sie tritt in den Formen der Translation (Verschiebung), der Rotation und der Schwingung auf und ist proportional dem Quadrat der Geschwindigkeit.

Konvektion Der Transport von Wärmeenergie durch strömende Gase oder Flüssigkeiten. Er übertrifft den Energietransport durch Wärmeleitung (Konduktion), eine Wechselwirkung zwischen Atomen oder Molekülen.

Newtons Axiome Erstes Newton'sches Axiom (Trägheitsprinzip): Ein Körper bleibt in Ruhe oder bewegt sich mit konstanter Geschwindigkeit weiter, wenn keine resultierende äußere Kraft auf ihn wirkt. – Zweites Newton'sches Axiom (Aktionsprinzip): Wirkt eine Kraft auf einen Körper, so wird er beschleunigt, deformiert oder ändert seine Richtung. Die resultierende äußere Kraft ist die Vektorsumme aller Kräfte, die auf den Körper wirken. – Drittes Newton'sches Axiom (Reaktionsprinzip): Kräfte treten immer paarweise auf. Wenn der Körper A eine Kraft auf den Körper B ausübt, wirkt eine gleich große, aber entgegengesetzt gerichtete Kraft vom Körper B auf den Körper A.

Newtonsche Flüssigkeit Eine Flüssigkeit, deren Viskosität unabhängig von ihrem Deformations- oder Spannungszustand ist. Eine Nicht-Newtonsche Flüssigkeit (z. B. Ketchup) weist eine nichtkonstante oder sprunghafte Viskosität auf.

Polarisation Natürliches Licht schwingt regellos in unterschiedlichen Richtungen, durch Reflexion, Streuung oder Brechung polarisiertes Licht hingegen schwingt in einer Vorzugsrichtung.

Präzession Die unter dem Einfluss äußerer Kräfte von der Senkrechten abweichende Drehung der Achse eines Kreisels (oder Planeten).

Rayleigh-Streuung Nach dem Physiker John William Rayleigh (1842–1919) benannte Streuung des Sonnenlichts an Luftmolekülen.

Torricelli, Gesetz von Aufgrund der Erkenntnisse des italienischen Forschers Evangelista Torricelli (1608–1647) ist die Austrittsgeschwindigkeit einer Flüssigkeit aus einem Behälter gleich der Geschwindigkeit, die die Flüssigkeit im freien Fall von der Oberfläche bis zur Austrittsöffnung hätte.

Dank

Es ist schwierig, im Einzelnen allen Menschen zu danken, die dazu beigetragen haben, dass dieses Buch erscheinen konnte.

In grober chronologischer Reihenfolge möchte Christopher Jargodzki folgenden Personen danken:

Martin Gardner, einst Redakteur bei *Scientific American*, der damals die Dinge ins Rollen brachte, indem er dem Verlag Charles Scribner's Sons empfahl, einem unerfahrenen Autor einen Vertrag anzubieten;

dem verstorbenen Richard Feynman, dessen Gastvorträge an der University of California in Irvine ein ständiger Quell der Inspiration waren;

den Professoren Myron Bander und Meinhard Mayer an der UC Irvine; den Professoren Ronald Aaron, Alan H. Cromer, Stephen Reucroft und Carl A. Shiffman von der Northeastern University in Boston; den Professoren Dennis Faulk, Michael Foster, John Gieniec, Robert E. Kennedy, Donald D. Miller, Michael H. Powers, James H. Taylor und Alvin R. Tinsley von der Central Missouri State University; Patricia Hubbard und Crystal Stewart von der CMSU für ihre fachliche Hilfe bei der Texterfassung von Teilen des Manuskripts; Michael Dornan, der mehrere Kapitelüberschriften vorgeschlagen hat; Cheryl Davis sowie Charlotte Cunningham.

Ich, Franklin Potter, möchte dem Physiker Julius Sumner Miller danken, der uns stets dazu anregte, »die kleinen Dinge [zu verstehen], die die Welt in Gang halten«. Schließlich hat er mich in den Achtzigerjahren des vorigen

Jahrhunderts ermutigt, für höhere Semester an der UC Irvine einen Kurs abzuhalten, in dem ich mit Hilfe solcher physikalischer Rätsel für Doktoranden die Physik mit dem Alltagsleben verknüpfte. Vor allem sind meine Frau Patricia und unsere beiden Söhne David und Steven stets eine Quelle der Inspiration für mich und verdienen allen Dank, den ich ihnen abstatten kann.

Beide Autoren möchten Kate C. Bradford, der Lektorin beim Verlag John Wiley & Sons, Inc., danken – sie hat immer an dieses Projekt geglaubt während der vielen Jahre bis zu seiner Vollendung .

Shimon Malin
Dr. Bertlmanns Socken
Wie die Quantenphysik unser Weltbild verändert

Aus dem Amerikanischen übersetzt
von Doris Gerstner
493 Seiten. Gebunden, mit Schutzumschlag
€ 29,90
ISBN 3-379-00809-5

»Wirklich gute und vor allem auch für Nichtphysiker verständliche Bücher über Quantentheorie kann es nicht genug geben. Malins spannendes Buch stellt das Weltbild, das aus den Ergebnissen der Quantenphysik folgt, in den Zusammenhang mit der abendländischen Philosophie. Ein wichtiges und empfehlenswertes Buch.«
Physik Journal

»Ein großes Denk- und Lesevergnügen auch für jene, die als Kind mit der Physik stets auf dem Kriegsfuß standen.«
Die Welt

Robin Le Poidevin

Wie die Schildkröte Achilles besiegte oder Die Rätsel von Raum und Zeit

Aus dem Englischen übersetzt
von Michael Schmidt
364 Seiten. Gebunden, mit Schutzumschlag
€ 24,90
ISBN 3-379-00819-2

Die Vorstellung, dass der Raum eine Grenze hat, ist genauso schwer zu begreifen wie der Anfang der Zeit. Ebenso beunruhigt der Gedanke, dass der Raum sich unendlich ausdehnt. Fragen über Fragen: Sind Raum und Zeit real oder existieren sie nur in unseren Köpfen? Wann begann die Zeit? Könnte sie auch rückwärts laufen? Gibt es eine vierte Dimension im Raum? Existiert der Weltraum über unser Universum hinaus? Sind Zeitreisen möglich?

»Was Bescheidenheit und Demut mit Physik zu tun haben, zeigt dieser zauberhafte Salto zwischen Naturwissenschaft und Philosophie, der uns an keiner Stelle belehren, aber durchaus zu Mitwissenden machen möchte.«
Frankfurter Rundschau

»Eine kleine Schule der Philosophie, verständlich und anregend geschrieben.«
Hannoversche Allgemeine Zeitung